Proteus辅助的单片机原理实践
——基础设计、课程设计和毕业设计

赵广元　编　著

北京航空航天大学出版社

内 容 简 介

使用 Proteus 软件进行单片机系统仿真具有较强的直观性与真实性。本书使用 Keil+Proteus 进行单片机原理的仿真实践。内容主要包括对仿真环境及相关软件的简要介绍,及在此基础之上的单片机基础实验、单片机课程设计以及综合设计等不同层次的案例。这些案例注释详细、结构递进,有助于激发学习者的兴趣,提高其继续深入钻研的信心。

本书可供院校的单片机课内实验、课程设计以及相关的毕业设计或学科竞赛等参考,也可供单片机原理的多媒体授课演示参考。对于工程技术人员也有一定的参考价值。

本书共享程序源代码,有需要的读者请到北京航空航天大学出版社网站的"下载专区"免费下载,也可发邮件至 goodtextbook@126.com 申请索取。

图书在版编目(CIP)数据

Proteus 辅助的单片机原理实践 : 基础设计、课程设计和毕业设计 / 赵广元编著. --北京 : 北京航空航天大学出版社, 2013.9

ISBN 978-7-5124-1209-5

Ⅰ. ①P… Ⅱ. ①赵… Ⅲ. ①单片微型计算机—系统仿真—应用软件 Ⅳ. ①TP368.1

中国版本图书馆 CIP 数据核字(2013)第 168014 号

Proteus 辅助的单片机原理实践

——基础设计、课程设计和毕业设计

赵广元 编 著

责任编辑 刘亚军 栾京辉 陈守平

*

北京航空航天大学出版社出版发行

北京市海淀区学院路 37 号(邮编 100191) http://www.buaapress.com.cn

发行部电话:(010)82317024 传真:(010)82328026

读者信箱:goodtextbook@126.com 邮购电话:(010)82316936

北京九州迅驰传媒文化有限公司印装 各地书店经销

*

开本:710×1 000 1/16 印张:13.75 字数:293 千字

2013 年 9 月第 1 版 2018 年 7 月第 2 次印刷 印数:3 001~3 500 册

ISBN 978-7-5124-1209-5 定价:39.00 元

前　言

使用 Proteus 软件进行单片机系统仿真的直观性与真实性给人以深刻印象。它提供了几乎无限创新的可能性和遍在的实践机会。

作者在开设开放实验当中，面对只有 C 语言基础的学生，尝试使用 Keil＋Proteus 进行知识点讲授与实验演示，学生兴趣高、入门快，收效明显且超出了预期。遂后在相关的课程设计、毕业设计和学科竞赛当中，也要求学生首先对系统进行仿真，再搭建硬件电路，在经费和时间方面大大降低了成本。本书即是近几年实践教学的一个小结。

内容的安排如下：

第 1 章介绍单片机仿真实验环境。主要通过示例简要说明仿真软件的用法，对仿真过程中使用到的一些辅助软件也作了介绍。

第 2 章是单片机基础实验。主要介绍 C51 语言、单片机的各主要知识点和常用外围器件的应用，并通过仿真实验使学生对其加深理解。其中包含了部分调试、器件测试技巧以及对元器件的认识等内容。

第 3 章单片机课程设计部分结合了实际应用，具有一定的综合性。同时加入了一些与当前研究热点物联网相关的新的应用，如短信收发、GPS 信息解析等。

第 4 章是在学科竞赛、优秀毕业论文的基础上修改完善的综合设计作品。这些作品均在挑战杯、电子设计大赛等赛事上获奖。需要说明的是，由于作品对硬件资源要求更高，这些作品使用了 MSP430 系列单片机作为主控芯片，但其基本设计思想是一致的。

本书的特点是程序注释详细、结构递进，有助于激发学习者的兴趣，提高其继续深入钻研的信心。

本书的完成融入了历届诸多同学的贡献。他们辅助完成了部分基础实验的设计，整理了部分课程设计，在学科竞赛基础上完善了综合设计作品，完成了部分实验的验证，对主要成员汪志伟、陈志明、姜沛源、吴文飞、王珂、赵毅、李蔚、聂坤、陈俊涛、帖东杰、杨万勇、柯尊平、李卫华、张迪、张亮、张宁波、由浩、周亮、孙德玉等表示感谢。此外，作者所指导课程设计的各个班级同学也是本书的重要贡献者，他们的课程设计作品、课程设计过程中所遇到的问题都是本书重要且丰富的资源。同时，作者在成书过程中也参考了实践教学中所积累的很多网络资源，对原作者也表示感谢。

借此机会，我也建议并欢迎更多的新同学走进实验室，通过仿真实验进一步加深概念和原理的理解，并在此基础上通过动手实践积累丰富的经验。

本书的出版受到西安邮电大学教务处和自动化学院的教学改革研究项目支持，

在此表示感谢。

作者一如既往地感谢傅钢善教授、赵祥模教授、范九伦教授等各位老师的指引。

感谢西安交通大学张鹏辉老师给予作者的许多有益提示。

仍旧深切感谢我的父母、岳父母,感谢妻儿。

由于时间和学识原因,错误在所难免,不当之处,恳请读者指正。我的邮箱为xuptzhaogy@foxmail.com,如读者能将问题或建议发到作者邮箱,对于作者留存与进一步思考会更有益处。读者也可发送邮件至goodtextbook@126.com,与本书策划编辑交流与本书相关的所有问题。

作　者

2013年2月

本书共享程序源代码,有需要的读者请到北京航空航天大学出版社网站的"下载专区"免费下载,也可发邮件至goodtextbook@126.com申请索取。

目　录

第1章

单片机仿真实验环境构建

本章分别介绍 Proteus 虚拟仿真软件和 Keil C 编译环境及其联合仿真，对其他辅助软件也作了介绍。熟悉这些软件的使用，对于开展后续仿真工作非常有益。

1.1 Proteus 虚拟仿真软件

Proteus 是英国 Labcenter electronics 公司开发的电路分析与实物仿真软件，其网址是 http://www.labcenter.com。它可以仿真、分析各种模拟器件和集成电路，包括 ISIS.EXE、ARES.EXE 两个主要程序，实现电路原理图设计、电路原理仿真和印制电路板设计的功能。该软件的特点是：

① 实现了单片机仿真和 SPICE 电路仿真相结合。具有模拟电路、数字电路、单片机及其外围电路组成的系统、RS232 串行通信、I^2C 调试器、SPI 调试器仿真的功能；有各种虚拟仪器，如示波器、逻辑分析仪、信号发生器等。

②支持主流单片机系统的仿真。目前支持的单片机类型有 51 系列、AVR 系列、PIC 系列等多种系列单片机以及各种外围芯片。

③提供软件调试功能。在硬件仿真系统中具有全速、单步、设置断点等调试功能，同时可以观察各个变量、寄存器等的当前状态，支持第三方的软件编译和调试环境，如 Keil C51 μVision4 等软件。

④具有强大的原理图绘制功能。

总之，该软件完全可以满足我们所进行的单片机基础实验、课程设计和毕业设计等综合试验的仿真需要。

由 Proteus 7 Professional→ISIS 7 Professional 打开系统，进入系统主界面，如图 1-1 所示。这里使用的版本为 7.7。

建立仿真文件的操作主要包括：新建设计文件，保存设计文件，选取元器件，放置元器件，编辑元器件，放置终端，连线，属性设置，电气规则检测等。

下面通过一个实验来演示仿真软件的基本操作。

示例：从元器件库中拾取相关器件，搭建一个由单片机控制显示数字的电路。

所需器件：单片机、数码管。

基本操作：

① 选取主界面最左侧的一列图标中的 Component Mode，单击出现在其右侧的 P 图标(Pick Devices)，打开图 1-2 所示界面。左侧列出了各类器件目录。可以打

图 1-1 Proteus 系统主界面

开目录逐个查询，也可以通过关键词搜索。例如，我们选取 51 单片机，输入 89C51 作为关键词，确认即可添加到仿真环境中。

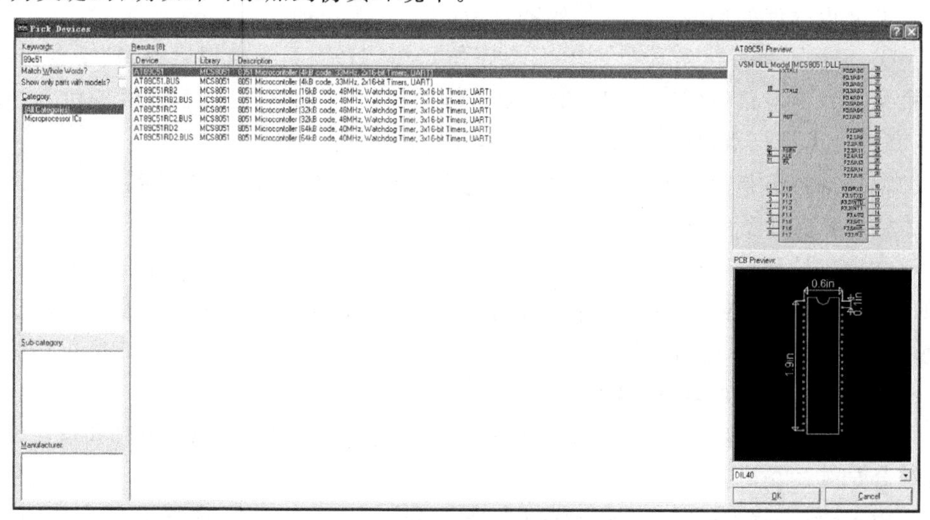

图 1-2 选取元器件操作

选取数码管的操作与之类似。在关键词栏目中输入 7seg 作为关键词搜索，可得到不同位数、共阴或共阳极的系列数码管。这里选取了 7SEG-COM-ANODE 器件。

② 终端的选取。以上选取的是共阳极数码管，所以还需要为其提供公共阳极。在左侧的一列图标中选取 Terminals Mode，选择出现在其右侧的 POWER。

③ 器件的布局与连接。在器件备齐后需要将它们适当布局，再以一定的方式连接。如本例中为方便连线，将数码管进行了翻转。具体操作为：在其上单击右键，弹出如图 1-3 所示的下拉菜单，选择 Rotate 180 degrees。连接后的最终效果如图 1-4 所示。

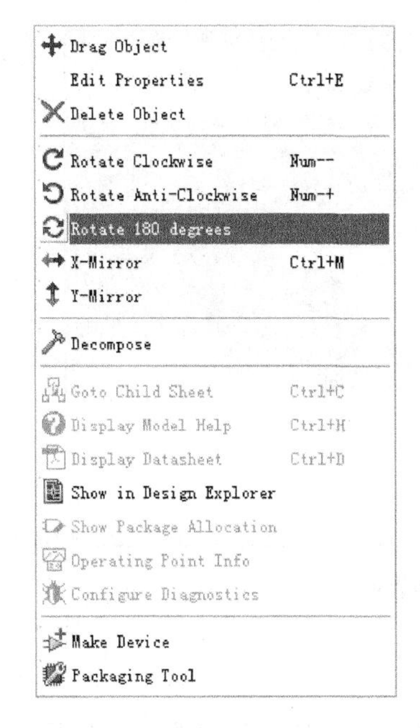

图 1-3　对器件的旋转操作

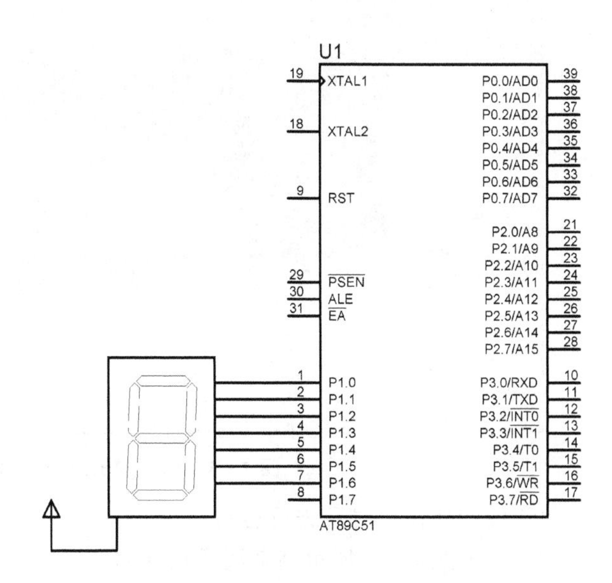

图 1-4　示例连接效果图

关于取图的一点说明：先通过 File→Set Area 设定取图的范围；通过 File→Export Graphics 选取一定格式的图片输出。在输出图片对话框中，需要选择 Scope→Marked Area。

1.2　Keil C51 编译环境

Keil C51 是一款 51 系列兼容单片机 C 语言软件开发系统。Keil 提供了包括 C 编译器、宏汇编、连接器、库管理和一个功能强大的仿真调试器等在内的完整开发方案，通过一个集成开发环境（μVision）将这些部分组合在一起。软件官网（http://www.keil.com/）显示，2013 年 1 月发布 Keil C51 的最新版本是 9.51。

与汇编相比，C 语言在功能、结构性、可读性、可维护性上有明显的优势，因而易学易用，而且可大大提高工作效率和项目开发周期。它还允许嵌入汇编，以提高其工作效率。

软件安装后，其启动界面如图 1-5 所示。

运用此集成环境开发的基本步骤如下：

① 建立工程项目，选定所需芯片，确定相关选项。

② 建立并加载源文件。

③ 用项目管理器生成各种应用文件。

④ 检查并修改程序错误。

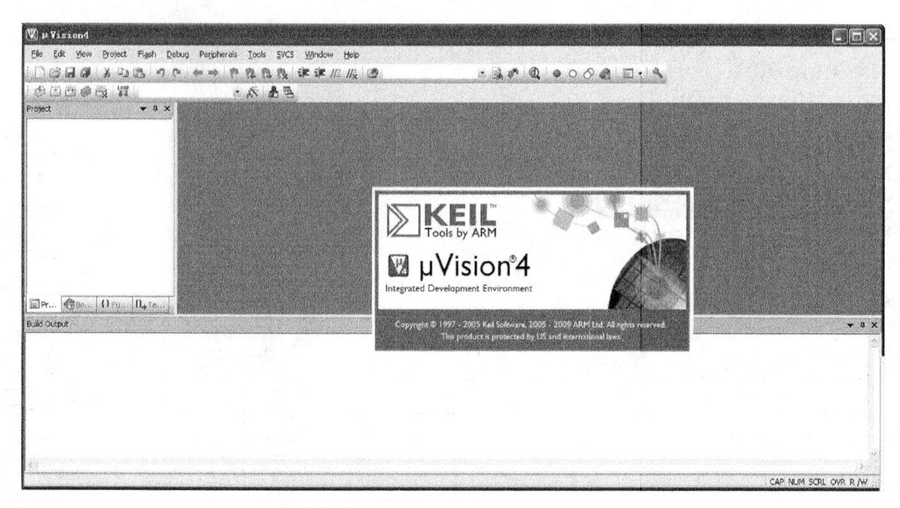

图 1-5 Keil µVision 4 启动界面

⑤ 编译连接通过后进行仿真。

以下通过简单程序示例来演示软件的使用。

示例： 在 Keil 环境中建立工程文件，实现给单片机并行口交替发送高低电平。

(1) 建立工程项目文件

在菜单栏中选择 Project→New→µVision Project，建立名为 c_eg1 的工程文件。

此过程要求首先选择工程所使用芯片，如图 1-6 所示。我们选定 AT89C51 单片机。

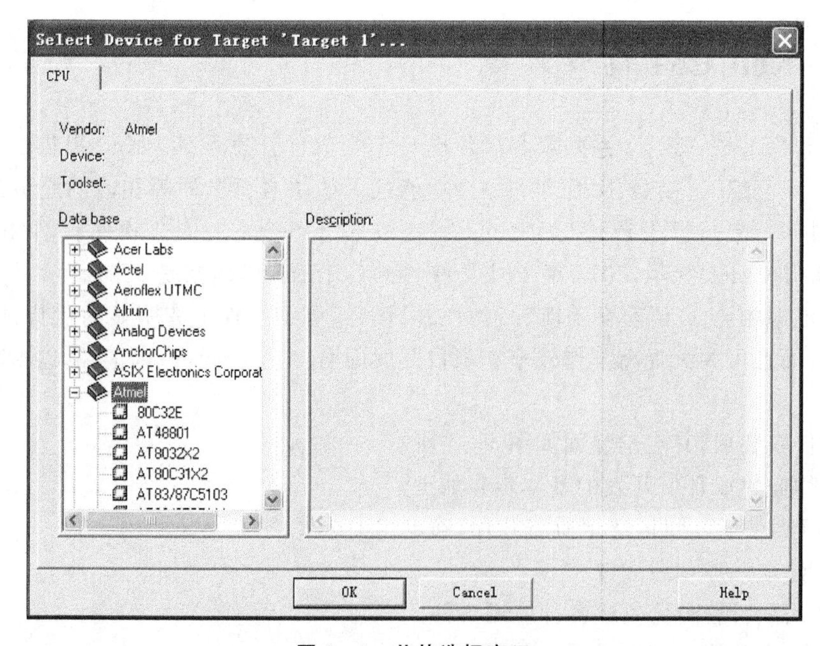

图 1-6 芯片选择窗口

接着弹出对话框询问是否添加启动代码，如图 1-7 所示。选择“是”，启动代码即自动添加到工程中。文件 STARTUP. A51 是 8051 系列 CPU 的启动代码，主要用来对 CPU 数据存储器进行清零，并初始化硬件和重入函数堆栈指针等。

图 1-7　询问是否添加启动代码的对话框

(2) 建立源程序并添加到工程中

在菜单中选择 File→New，打开文件编辑器。录入如下程序(程序实现由单片机 P1 口产生一定频率的方波)。

```
#include "reg51.h"

sbit P1_0 = P1^0;                          //定义 P1 口的位,以下类同
sbit P1_1 = P1^1;
sbit P1_2 = P1^2;
sbit P1_3 = P1^3;
sbit P1_4 = P1^4;
sbit P1_5 = P1^5;
sbit P1_6 = P1^6;
sbit P1_7 = P1^7;
main()
{
    unsigned char i,k;                     //定义延时变量

    while(1)                               //循环
    {
        for (i = 0;i<200;i ++ )
            for (k = 0;k<100;k ++ );       //嵌套循环进行延时
        P1_0 = ~P1_0;                      //取反,以下类同
        P1_1 = ~P1_1;
        P1_2 = ~P1_2;
        P1_3 = ~P1_3;
        P1_4 = ~P1_4;
        P1_5 = ~P1_5;
        P1_6 = ~P1_6;
        P1_7 = ~P1_7;
    }
}
```

将该文件命名为 c_eg1. c 后保存。接下来需要把该文件添加到工程中。再右键单击 Source Group1，选择 Add Files to Group ‘Source Group1’即添加完成。

(3) 工程设置

选择 Project→Options for Target 'Target1',得到如图 1-8 所示的工程设置对话框。

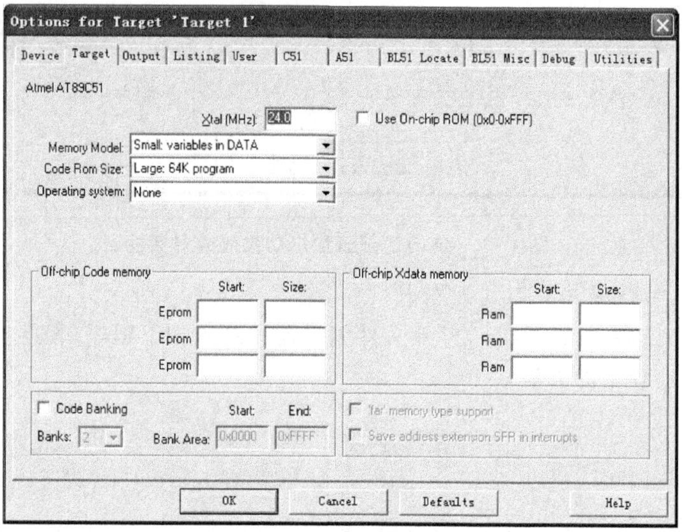

图 1-8 工程设置默认对话框

须特别注意以下几个选项:

默认选项卡 Target 下的 Xtal(MHz)选项:用来设置单片机的工作频率,默认值是所选单片机的最高可用频率值。如果使用的是其他频率的晶振,直接在该选项后输入其频率值即可。

选项卡 Output 下的 Create HEX File 选项:选中该项,编译后即可生成 HEX 文件。这个文件用于下载到硬件中,或者在 Proteus 仿真环境中下载到单片机模型中。这里我们选中该项,方便 1.3 节联合仿真时使用。

选项卡 Debug 下的 Use Simulator(软件模拟)和 Use Keil Monitor-51 Driver(硬件仿真)选项:Debug 选项卡用来设置调试器,提供了这两种仿真模式,如图 1-9 所示。

软件仿真模式下不需要实际目标硬件即可仿真单片机的很多功能及其外围部件,如串行口、I/O 口和定时器等。

硬件仿真模式下可以把 Keil C51 嵌入到自己的系统中,实现在目标硬件上调试程序。例如,很多单片机实验箱即是通过这种方式实现。

(4) 编译程序

选择 Project→Build target,也可以选择 Project→Rebuild all target files 对所有的源程序进行编译。如果有错误的话,开发环境下方窗口会有相关提示,可以据此返回检查错误或进入调试状态。

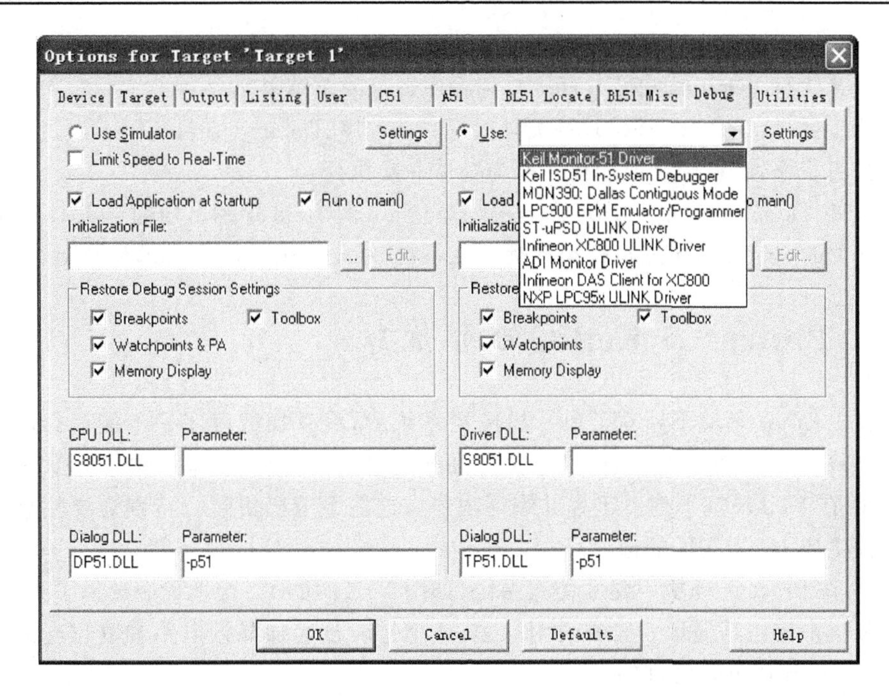

图 1-9　工程设置的 Debug 选项卡

(5) 调试运行并查看结果

进入 Debug→Start/Stop Debug Session，并继续选择 Debug→Run，即可运行程序。菜单栏 Peripherals 提供了各种端口的实时仿真查看窗口。选择 Peripherals→I/O Ports→Port 1 即弹出如图 1-10 所示的窗口，其中显示了 P1 端口各位的闪烁效果。

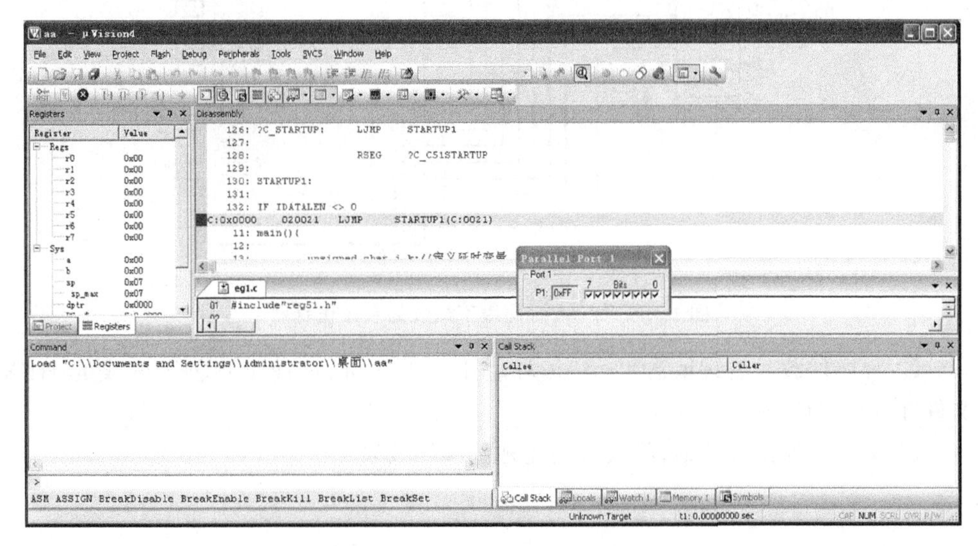

图 1-10　示例程序运行效果

在程序调试时，允许程序全速运行和单步运行。

全速运行：Debug→Run，直接看到程序运行的总结果。

单步运行：Debug→Step，每次只执行一条程序；Debug→Step Over，以过程单步形式执行程序，即将函数或子程序作为整体一次执行。

此外，Debug→Step out of Current Function，单步执行跳出当前函数；Debug→Run to Cursor Line，全速运行至光标所在行；Debug→Stop Running，停止运行程序。

1.3　Proteus与Keil C联合仿真

在Proteus环境下建立了单片机应用系统后，没有加载程序是不能运行的。此时需要将Keil环境下生成的HEX文件加载到单片机模型中。其操作步骤如下：

① 在Keil环境下建立工程并编译程序。这在上节已讲过。特别需要注意的是要选择生成HEX文件的选项。

② 在Proteus环境下建立仿真系统，如图1-11所示。这里我们选择了光柱，将由单片机来控制其显示。需要说明的是，这里暂时没有加晶振电路和复位电路。这在Proteus环境下是允许的。

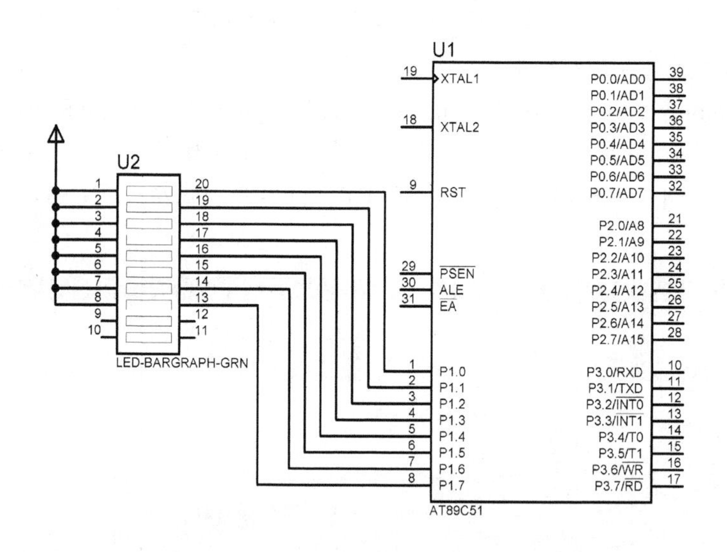

图1-11　Proteus环境下建立的系统仿真图

③ 程序加载。右键单击Proteus环境中的单片机，选择步骤①所生成的HEX文件并进行确认，如图1-12所示。

④ 运行。如无误的话，将会看到光柱的闪烁效果。

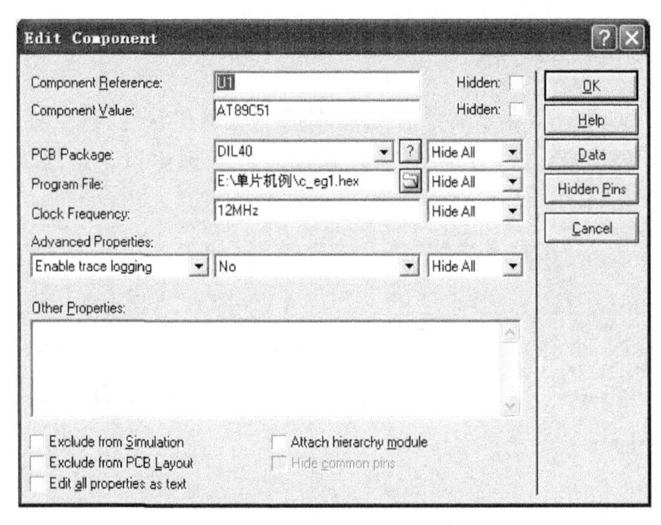

图 1-12　加载 HEX 文件窗口

1.4　其他辅助工具软件

在仿真以及实际应用设计中，会用到其他一些辅助工具软件。以下就其中的几款作简要介绍。

1.4.1　串口调试助手

图 1-13 所示是一款串口调试助手。类似的软件还有很多，但功能都差不多，主要完成对串行通信参数的设置与接收串口数据的显示以及发送串口数据等。

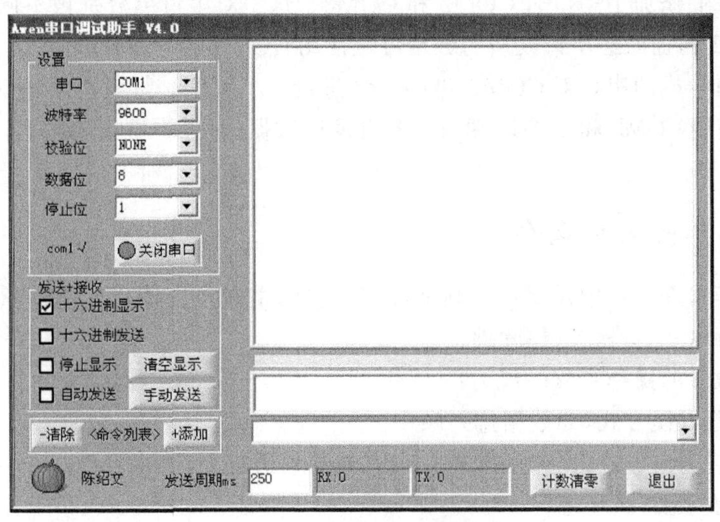

图 1-13　串口调试助手

1.4.2　虚拟串口软件

图 1－14 所示是一款非常容易使用的虚拟串口驱动软件，其全称是 Virtual Serial Port Driver(VSPD)。使用此软件可以添加多对虚拟串口。这极大地方便了串口的仿真应用。

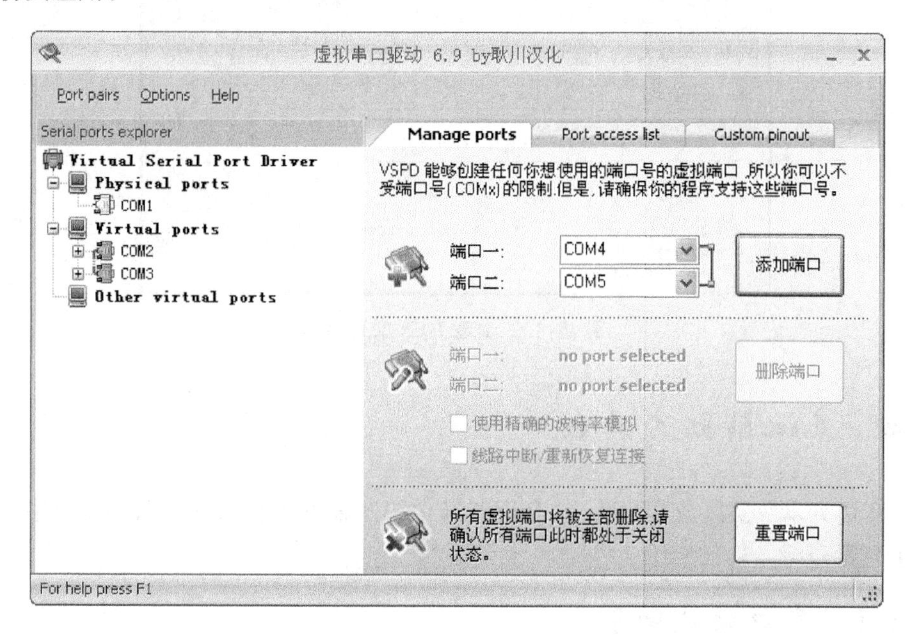

图 1－14　虚拟串口软件

举例说明：

现在我们添加了串口对 COM2 和 COM3。这一对串口可分别被不同程序打开。使用 COM2 的程序经串口发送的数据可被使用 COM3 的程序接收，反之亦然。

我们对生成的串口对 COM2 和 COM3 进行一下验证。打开两个串口调试助手，分别选择使用 COM2 和 COM3 端口。各自发送数据，对方均可正确收到，如图 1－15 所示。

1.4.3　字模生成软件

在点阵器件显示中需要使用到字模。字模的生成可以使用专门的软件来实现。图 1－16 所示就是一款取模软件。

取模软件的操作步骤一般为：

① 设置取模方式，如数据排列顺序。

② 设置输出方式，比如可选择 C 语言或汇编语言等。

③ 设置字体、大小等。

④ 输出字模代码。

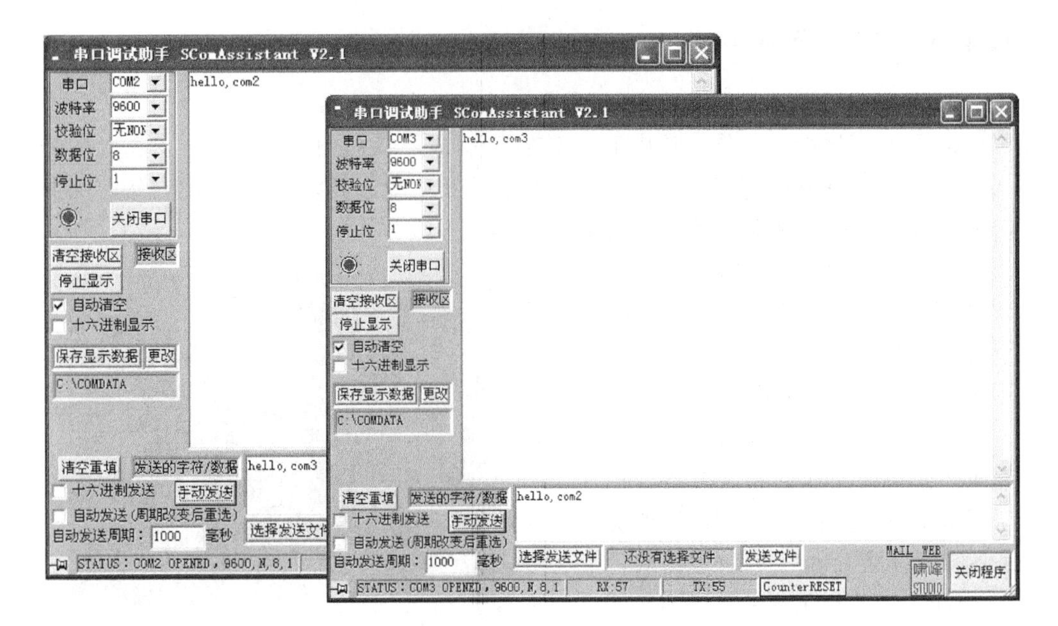

图 1-15　使用串口调试助手测试虚拟串口

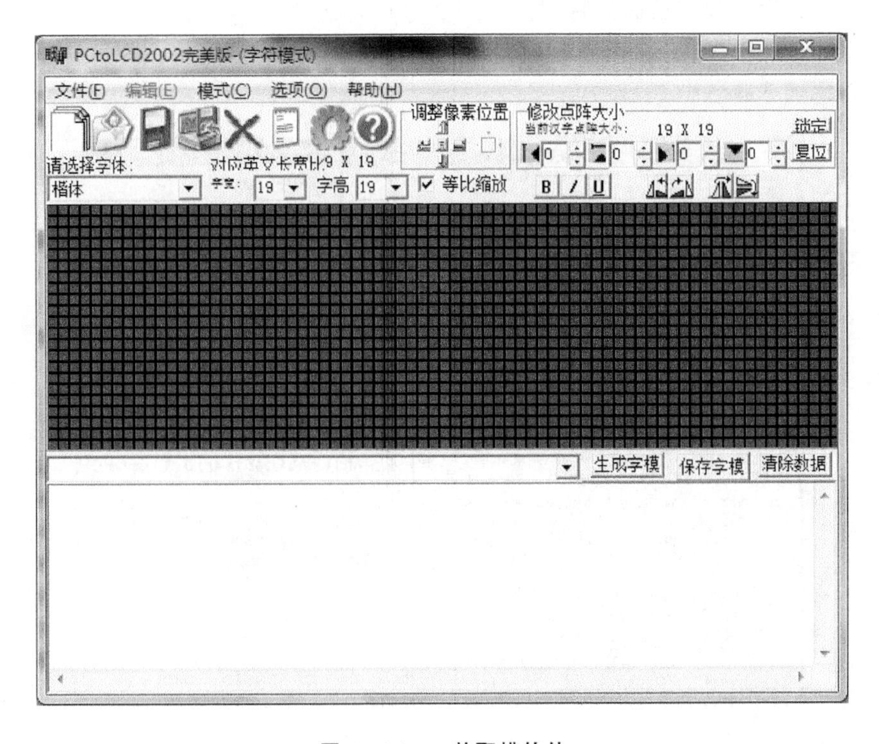

图 1-16　一款取模软件

1.4.4 程序下载软件

这里以STC单片机为例，程序下载的基本过程如下：

① 下载程序准备工作。选中Keil C的Project→Options for target工具栏中的output选项，在name of Executable后面的文本框中输入要输出的文件名，然后选中Create HEX项，编译成功就可以生成HEX文件。

② 连接好程序下载器，通过程序下载软件，选取生成的HEX文件，通过下载器就可以完成将程序下载到单片机的目的。图1-17所示为学生自己制作的下载器。

图1-17　单片机程序下载器

不同单片机的下载软件不一样，可以到生产公司网站找到相关软件。图1-18所示为STC单片机的程序下载软件。下载的基本步骤为：

① 选择单片机型号。

② 打开待下载的文件。

③ 选择串行口和最高波特率。

④ 其他选项设置。

⑤ 完成下载。

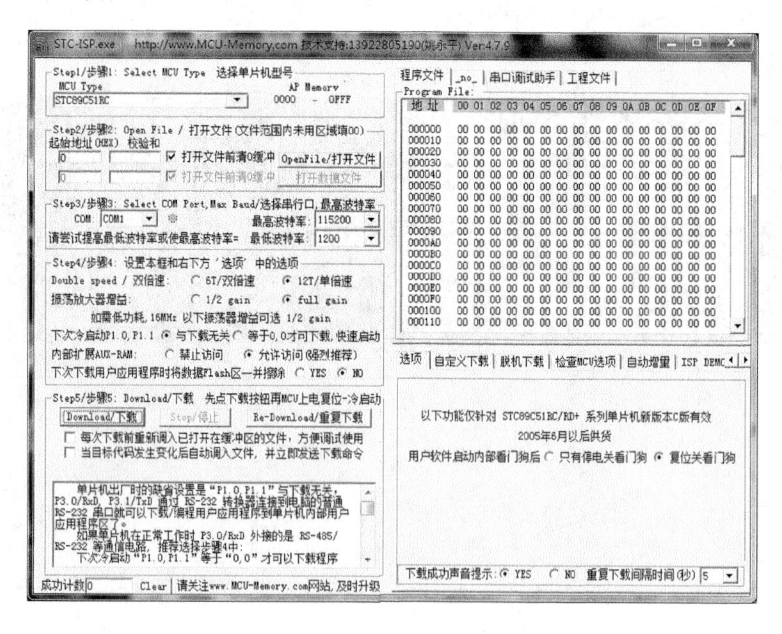

图1-18　单片机程序下载软件

第 2 章

单片机基础实验

本章首先概述单片机的内部结构和外部特性，重点通过了解其外部引脚与特性认识器件。之后通过基础实验加深对 C51 语言各知识点的理解，了解单片机的定时/计数、中断和串行通信功能、学习使用常用外围部件。

2.1 单片机概述

随着微电子技术的不断发展，微处理器芯片的集成度越来越高，已经可以在一块芯片上同时集成 CPU、存储器、定时器/计数器、并行和串行接口，甚至 A/D 转换器等。这种超大规模集成电路芯片被称为微控制器(Microcontroller Unit，MCU)，简称为单片机。单片机在工业自动化、仪器仪表控制、家用电器控制、信息和通信产品乃至军事方面均得到了广泛应用。

下面以典型芯片 80C51 为例介绍单片机的内部结构和外部特性，重点介绍其外部特性。

2.1.1 典型芯片 80C51 单片机的内部结构

图 2－1 描述了单片机的基本组成。

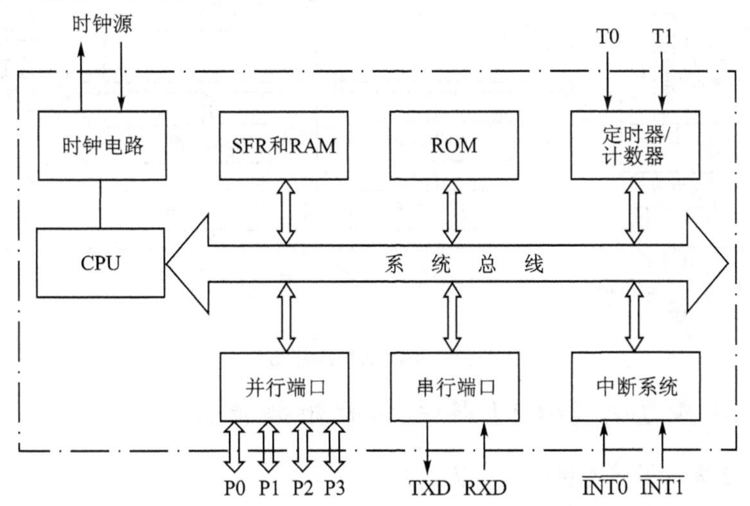

图 2－1 单片机基本组成

单片机主要包含：

① 一个 8 位微处理器 CPU。

② 特殊功能寄存器 SFR 和片内数据存储器 RAM。

③ 片内程序存储器 ROM。

④ 4 个定时器/计数器 T0、T1，可用做定时器，也可作为计数器对外部脉冲计数。

⑤ 4 个 8 位可编程的并行 I/O 端口，每个端口既可作输入，也可作输出。

⑥ 一个串行端口，用于数据的串行通信。

⑦ 中断控制系统。

⑧ 内部时钟电路。

更详细的内部结构如图 2－2 所示。

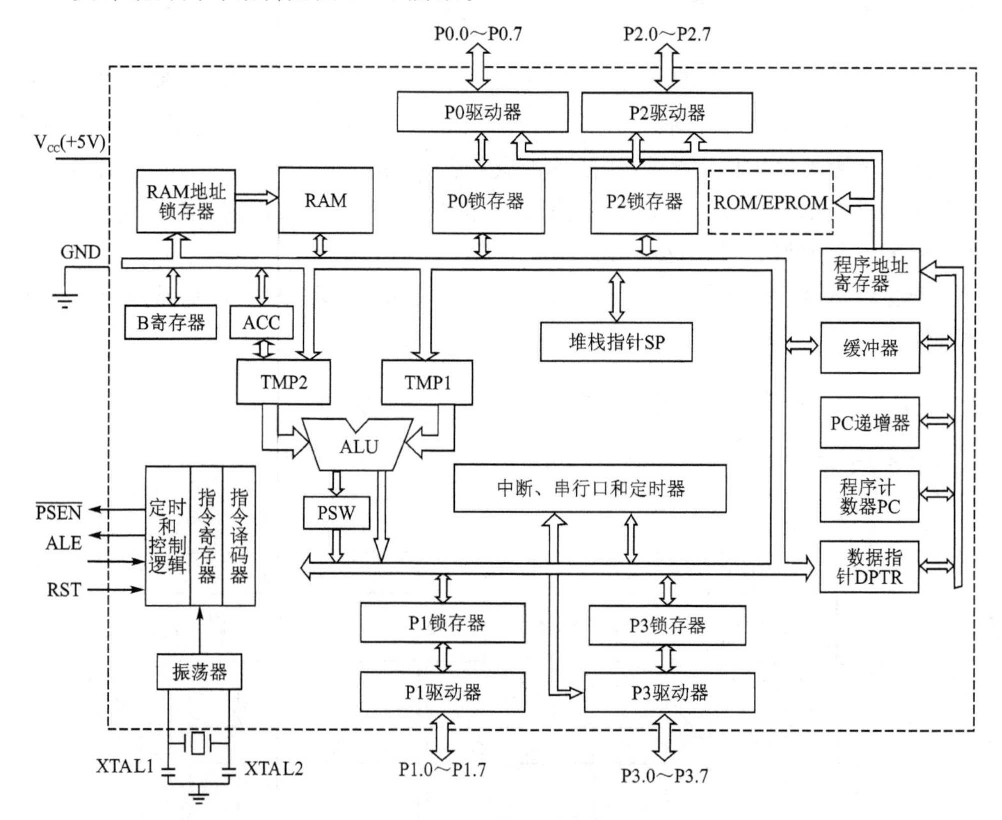

图 2－2　单片机的内部结构图

2.1.2　典型芯片 80C51 单片机的外部特性

图 2－3 展示了单片机外部引脚的排列情况。

以下对各引脚作简要说明：

① 电源引脚：

40：V_{CC}，电源端，接 5 V。

20：V_{SS}，接地端。

② 外接晶体引脚：

19：XTAL1。

18：XTAL2 。

XTAL1 是片内振荡器的反相放大器输入端；XTAL2 则是输出端。使用外部振荡器时，外部振荡信号应直接加到 XTAL2，而 XTAL1 接地。内部方式时，时钟发生器对振荡脉冲二分频，如晶振为12 MHz，时钟频率就为 6 MHz。电容一般取 30 pF 左右。

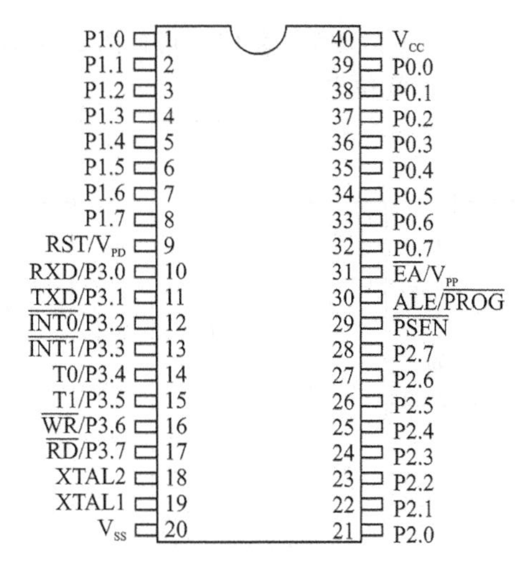

图 2-3　单片机引脚图

③ 地址锁存允许 ALE：系统扩展时，ALE 用于控制地址锁存器锁存 P0 口输出的低 8 位地址，从而实现数据与低位地址复用。

④ 外部程序存储器读选通信号 PSEN：低电平有效。

⑤ 程序存储器地址允许输入端 EA/V_{PP}：当 EA 为高电平时，CPU 执行片内程序存储器指令，但当程序计数器 PC 中的值超过 0FFFH 时，将自动转向执行片外程序存储器指令。当 EA 为低电平时，CPU 只执行片外程序存储器指令。

⑥ 复位信号 RST：该信号高电平有效，在输入端保持两个机器周期的高电平后，就可以完成复位操作。

⑦ 输入/输出端口引脚 P0、P1、P2 和 P3：P0 口(P0.0～P0.7)：该端口为漏极开路的 8 位准双向口，它为外部低 8 位地址线和 8 位数据线复用端口，驱动能力为 8 个 LSTTL 负载。

P1 口(P1.0～P1.7)：内部带上拉电阻的 8 位准双向 I/O 口，P1 口的驱动能力为 4 个 LSTTL 负载。

P2 口(P2.0～P2.7)：内部带上拉电阻的 8 位准双向 I/O 口，P2 口的驱动能力也为 4 个 LSTTL 负载。在访问外部程序存储器时，作为高 8 位地址线。

P3 口(P3.0～P3.7)：内部带上拉电阻的 8 位准双向 I/O 口，P3 口除了作为一般的 I/O 口使用之外，每个引脚都具有第二功能，具体见表 2-1。

表 2-1　P3 口各引脚第二功能说明

P3 引脚	兼用功能	P3 引脚	兼用功能
P3.0	串行通信输入(RXD)	P3.4	定时器 0 输入(T0)
P3.1	串行通信输出(TXD)	P3.5	定时器 1 输入(T1)
P3.2	外部中断 0($\overline{\text{INT0}}$)	P3.6	外部数据存储器写选通($\overline{\text{WR}}$)
P3.3	外部中断 1($\overline{\text{INT1}}$)	P3.7	外部数据存储器写选通($\overline{\text{RD}}$)

单片机系统常见复位电路如图 2-4 所示。图 2-4(a)为上电复位电路,图 2-4(b)为按键复位电路。

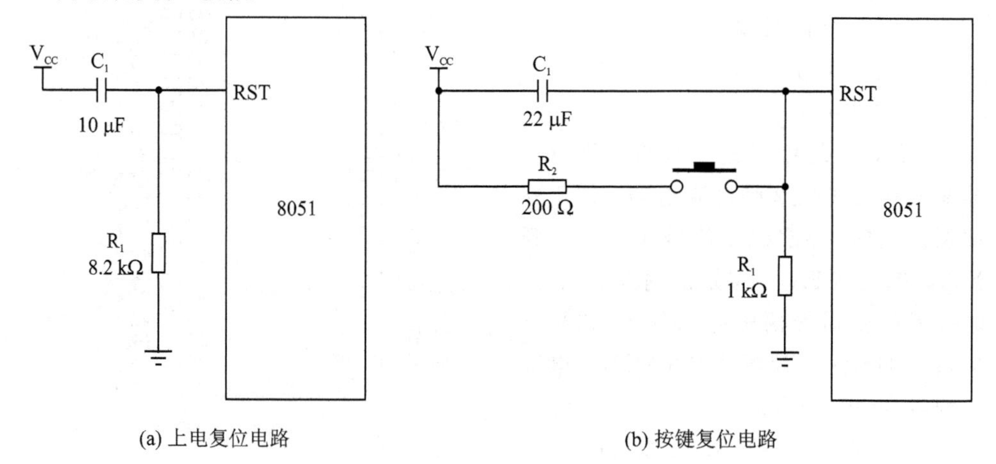

(a) 上电复位电路　　(b) 按键复位电路

图 2-4　单片机系统复位电路

单片机系统的振荡电路如图 2-5 所示。图 2-5(a)为内部振荡方式,图 2-5(b)为外部振荡方式。

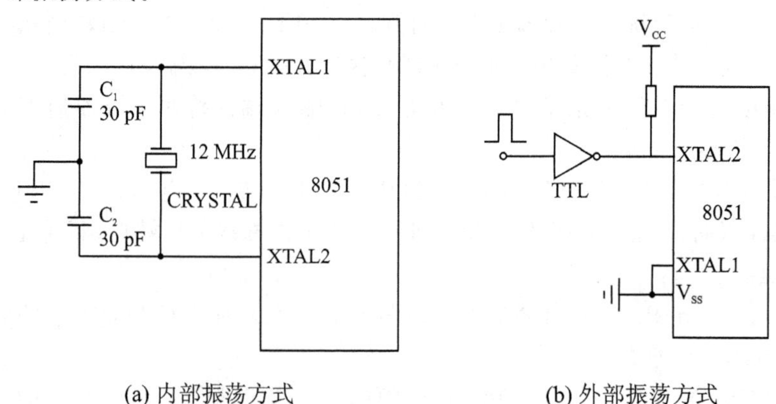

(a) 内部振荡方式　　(b) 外部振荡方式

图 2-5　单片机系统的振荡电路

图 2-6 所示为常见的最小系统电路。该系统中包含了晶振电路和复位电路。如果在 Proteus 环境下搭建最小系统,所需器件清单见表 2-2。

表 2-2　最小系统所需器件清单

序　号	元器件	Proteus 关键词	数　量
1	AT89C51 单片机	AT89C51	1
2	12 MHz 晶振	CRYSTAL	1
3	33 pF 电容(无极性)	CAP	2
4	10 μF 电容(有极性)	CAP-POL	1
5	8.2 kΩ 电阻	RES	1

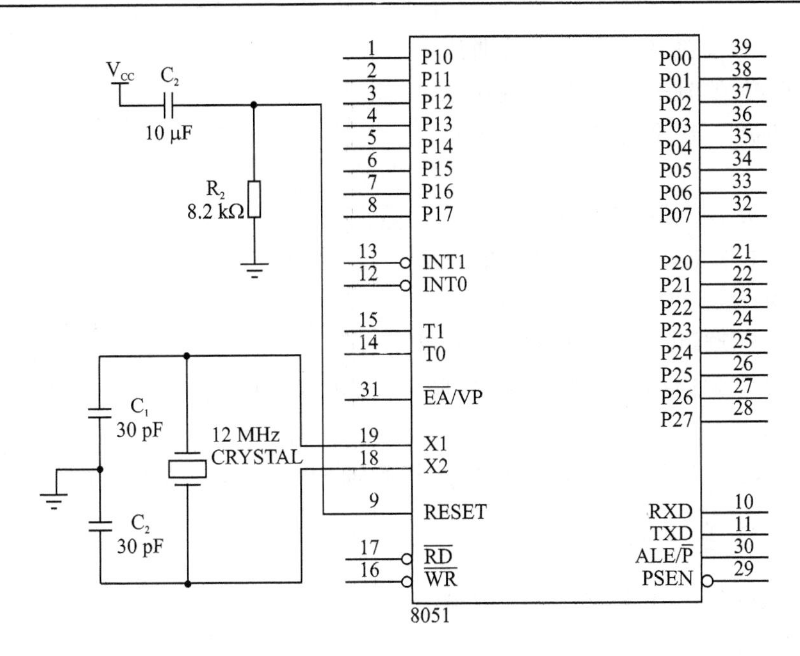

图 2－6　单片机最小系统

2.2　实验 1——让单片机连接的 LED 灯闪起来

2.2.1　任务及要求

任务:通过程序控制单片机 P1 口(或 P0 口)连接的 LED 灯闪烁。

要求:通过实验,熟悉单片机 I/O 口的操作特点;了解所使用外围器件的特性与使用方法。

2.2.2　预备知识

(1) 单片机的 I/O 口

如前所述,8051 单片机有 4 个双向并行的 8 位 I/O 口 P0～P3。P0 口为三态双向口,可驱动 8 个 TTL 电路;P1、P2、P3 口为准双向口,因为其作为输入时,需要先向口锁存器写入 1,其负载能力为 4 个 TTL 电路。

(2) 发光二极管

本实验中用到的主要外围器件是发光二极管(Light－Emitting Diode,LED),如图 2－7 所示。

发光二极管是半导体二极管的一种,可以把电能转换成光能;它与普通二极管一样,由一个 PN 结组成,也具有单向导电性。当给发光二极管加上正向电压后,会产生自发辐射的荧光。常用的是发红光、绿光或黄光的二极管,主要用做指示灯。

发光二极管的正向伏安特性曲线很陡，使用时必须串联限流电阻以控制通过管子的电流。限流电阻 R 可用下式计算：

$$R=(E-U_F)/I_F$$

式中，E 为电源电压；U_F 为 LED 的正向压降；I_F 为 LED 的一般工作电流。

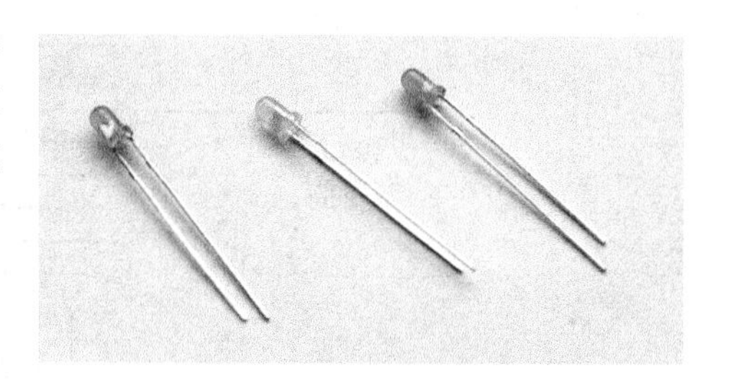

图 2-7　发光二极管

所以，在连接电路时应在发光二极管的一端接上一定阻值的电阻。例如，取 $I_F=20$ mA，$E=6$ V，$U_F=1.6$ V，则可得 $R=220\ \Omega$。

后续章节中用到的数码管、光柱等，其基本组成单元即是发光二极管。

2.2.3　程序生成

(1) 点亮 P1.0 口发光二极管的程序

实验程序：

```
1  #include <reg51.h>
2  sbit key = P1^0;
3  void main(void)
4  {
5      while(1)
6      {
7           int i,j;
8           key = ~key;
9           for(i = 0;i<200;i ++ )
10               for(j = 0;j<200;j ++ );
11      }
12  }
```

程序注释：

第1行：导入包含文件。
第2行：定义端口的一位。
第3行：定义主函数 main。
第4行：主函数开始。
第5行：while 循环语句，1 表示始终为真，一直循环。
第6行：while 循环开始。
第7行：定义两个变量 i，j。在后面的 for 循环中计数用。
第8行：为核心语句，作用是对端口值取反。
第9～10行：为嵌套的两个 for 循环体，作用是进行一定的延时。
第11行：while 循环结束。
第12行：main 函数结束。

(2) 点亮 P0.0 口发光二极管的程序

实验程序：

```
1  #include <reg51.h>
2  sbit key = P0^0;
3  void main(void)
4  {
5      while(1)
6      {
7          int i,j;
8          key = ~key;
9          for(i = 0;i<200;i++)
10             for(j = 0;j<200;j++);
11     }
12 }
```

程序注释：

第 2 行：选定 P0.0 引脚。其他与点亮 P1.0 口发光二极管的程序相同，这里不再注释。

2.2.4　仿真环境搭建

根据题目要求，点亮 P1.0 口发光二极管实验的器件清单见表 2-3。在 Proteus 仿真软件中搭建的仿真电路如图 2-8 所示。

表 2-3　点亮 P1.0 口发光二极管实验所需器件清单

序　号	元器件	Proteus 关键词	数　量
1	AT89C51 单片机	AT89C51	1
2	300 Ω 电阻	RES	1
3	黄色发光二极管	LED-YELLOW	1
4	12 MHz 晶振	CRYSTAL	1
5	33 pF 电容（无极性）	CAP	2
6	10 μF 电容（有极性）	CAP-POL	1
7	8.2 kΩ 电阻	RES	1

点亮 P0.0 口发光二极管实验的器件清单见表 2-4。在 Proteus 仿真软件中搭建的仿真电路如图 2-9 所示。

表 2-4　点亮 P0.0 口发光二极管实验所需器件清单

序　号	元器件	Proteus 关键词	数　量
	AT89C51 单片机	AT89C51	1
	10 kΩ 电阻	RES	1
	黄色发光二极管	LED-YELLOW	1
	12 MHz 晶振	CRYSTAL	1
	33 pF 电容（无极性）	CAP	2
	10 μF 电容（有极性）	CAP-POL	1
	8.2 kΩ 电阻	RES	1

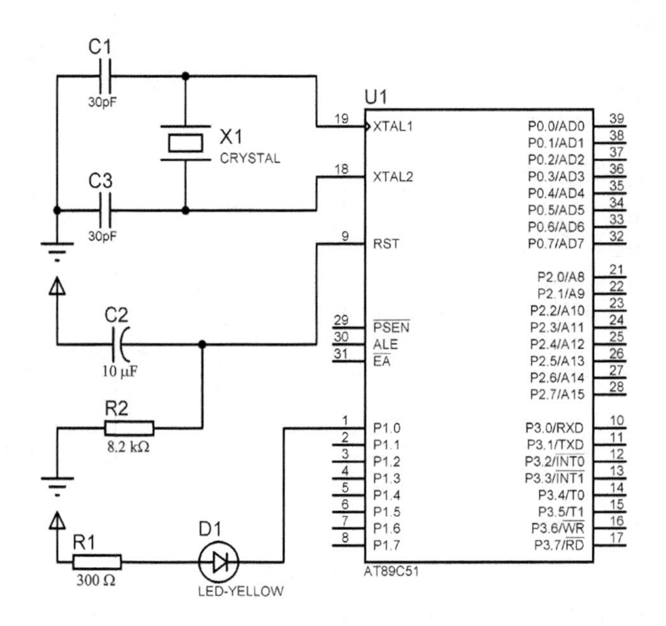

图 2-8　点亮 P1.0 口发光二极管实验的 Proteus 仿真电路图

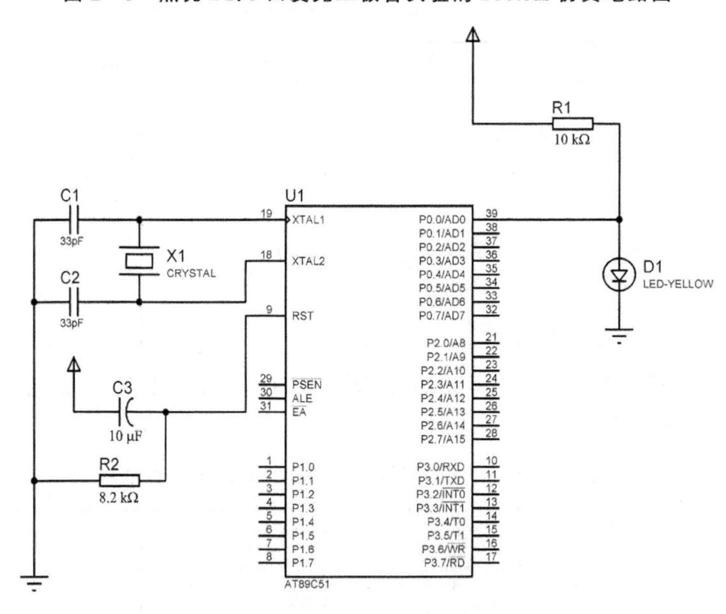

图 2-9　点亮 P0.0 口发光二极管实验的 Proteus 仿真电路图

2.2.5　测试运行

双击单片机模型，加载在 Keil C 中生成的 HEX 文件。单击运行按钮，可以观察到 LED 灯不断闪烁的效果。

2.2.6　实验小结

本次实验实现了题目要求，单片机 P1 口和 P0 口连接的 LED 灯可以一定频率正常闪烁。通过设置不同的延时程序，还可以实现一个 LED 灯的不同频率闪烁；通过在端口的其他位上也连接 LED 灯，可以分别控制该端口各个灯的流水闪烁效果。这些可以先予以思考，在后续的实验中将以不同方式实现。

这里需特别注意一下 P1 口和 P0 口连接 LED 灯方式的区别。在 P0 口接有上拉电阻，这是必需的。因为 P0 口内部没有上拉电阻，为高阻状态，不能正常输出高低电平。

2.3　实验 2——C 语言变量的使用

2.3.1　任务及要求

任务：编写程序，实现将变量赋值给端口，并将其显示在与端口相连的数码管上。

要求：通过实验，理解 C 语言变量的特点、种类等；了解所用到的数码管的原理、种类；学会使用数码管。

2.3.2　预备知识

1. C 语言变量

常量是在程序运行过程中不能改变的；而变量是可以在程序运行过程中不断变化的。

定义一个变量的格式如下：

```
[存储种类]　数据类型　[存储器类型]　变量名表
```

以上格式中，除数据类型和变量名表是必要的，其他都是可选项。

(1) C51 数据类型

变量的定义可以使用所有 C51 编译器支持的数据类型，而常量的数据类型只有整型、浮点型、字符型、字符串型和位变量。

C51 的基本数据类型：

char：字符类型，长度是 1 字节(8 位)。

int：整型，长度为 2 字节(16 位)。

long：长整型，长度为 4 字节(32 位)。

float：浮点型，长度为 4 字节(32 位)。

*：指针型，本身就是一个变量，在这个变量中存放的是指向另一个数据的地址。这个指针变量要占据一定的内存单元，在 C51 中它的长度一般为 1～3 字节。

C51的扩展数据类型：

bit：位变量的值就是一个二进制位，不是0就是1。

sfr：特殊功能寄存器，占用1字节，数值范围为0～255。利用它可以访问51单片机内部的所有特殊功能寄存器。

sfr16：16位特殊功能寄存器，占用2字节，范围为0～65 535，如52系列单片机的定时器/计数器2的定义。

sbit：可寻址位，用于定义某些特殊位，利用它可以访问芯内部RAM中的可寻址位或特殊功能寄存器中的可寻址位。

(2) 存储类型

默认类型有自动(auto)、外部(extern)、静态(static)、寄存器(register)。

(3) 存储器类型说明

存储器类型说明是指定该变量在C51硬件系统中所使用的存储区域，并在编译时准确的定位，见表2-5。

表2-5　存储器类型及说明

存储器类型	说　明
data	直接访问内部数据存储器(128字节)，访问速度最快
bdata	可位寻址内部数据存储器(16字节)，允许位与字节混合访问
idata	间接访问内部数据存储器(256字节)，允许访问全部内部地址
pdata	分页访问外部数据存储器(256字节)，用MOVX @Ri指令访问
xdata	外部数据存储器(64 KB)，用MOVX @DPTR指令访问
code	程序存储器(64 KB)，用MOVC @A+DPTR指令访问

(4) 存储模式

SMALL存储模式把所有函数变量和局部数据段放在8051系统的内部数据存储区，这使访问数据非常快。

COMPACT存储模式中所有的函数、程序变量和局部数据段定位在8051系统的外部数据存储区，最多可有256字节。

LARGE存储模式中所有的函数、过程的变量和局部数据段都定位在8051系统的外部数据区，最多可有64KB。

2. 数码管及数码管测试

LED数码管(LED Segment Displays)是由多个发光二极管封装在一起组成“8”字形的器件，引线已在内部连接完成，只需引出它们的各个笔画和公共电极。LED数码管常用段数一般为7段，有的另加一个小数点，还有一种是类似于3位“+1”型。位数有半位，1，2，3，4，5，6，8，10位等。图2-10所示是一种两位一体的数码管，共10个引脚，其中两个引脚用做位选，其余8个是段选。

LED数码管根据LED接法的不同分为共阴极和共阳极两类。它们的发光原理是一样的，只是电源极性不同而已。图2-11展示了其内部电路，每一笔画都对应一个字母表示，DP 是小数点。LED 数码管广泛用于仪表、时钟、车站、家电等场合。选用时要注意产品尺寸颜色、功耗、亮度和波长等。

3. 驱动方式

数码管要正常显示，就要用驱动电路来驱动数码管的各个段码，从而显示出所需的数字。因此，根据数码管驱动方式的不同，可以分为静态式和动态式两类。

图 2-10　两位一体的数码管外形

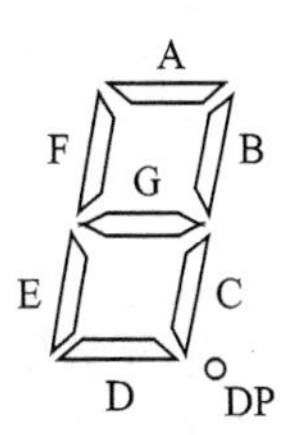

图 2-11　数码管内部电路

(1) 静态显示驱动

静态驱动也称直流驱动。静态驱动是指每个数码管的每一个段码都由一个单片机的 I/O 端口进行驱动，或者使用如 BCD 码二-十进制译码器译码进行驱动。静态驱动的优点是编程简单，显示亮度高；缺点是占用 I/O 端口多。实际应用时，必须增加译码驱动器进行驱动，因此增加了硬件电路的复杂性。

(2) 动态显示驱动

数码管动态显示接口是单片机中应用最为广泛的一种显示方式之一。动态驱动是将所有数码管的 8 个显示笔画 A,B,C,D,E,F,G,DP 的同名端连在一起，另外为每个数码管的公共极 COM 增加位选通控制电路，位选通由各自独立的 I/O 线控制，当单片机输出字形码时，所有数码管都接收到相同的字形码，但究竟是哪个数码管会显示出字形，取决于单片机对位选通 COM 端电路的控制，所以只要将需要显示的数码管的选通控制打开，该位就显示出字形，没有选通的数码管就不会亮。通过分时轮流控制各个数码管的 COM 端，就使各个数码管轮流受控显示，这就是动态驱动。在轮流显示过程中，每位数码管的点亮时间为 1～2 ms。由于人的视觉暂留现象及发光二极管的余辉效应，尽管实际上各位数码管并非同时点亮，但只要扫描的速度足够快，给人的印象就是一组稳定的显示数据，不会有闪烁感。动态显示的效果和静态显示是一样的，能够节省大量的 I/O 端口，而且功耗更低。

拿到一个数码管后，可以很方便地检测其是共阳还是共阴。这里要用到万用表。先假设其是共阳，把红表笔置于任一个引脚上，黑表笔在其他引脚上依次试着扫一下。如果都不亮，再将黑表笔置于任一个引脚上，红表笔在其他引脚上扫一下。

2.3.3 程序生成

(1) 只使用数码管显示数字的程序

实验程序：

```
1  #include<reg51.h>
2  void main (void)
3  {
4      unsigned char i;
5      i = 0x03;
6      P1 = i;
7      while(1);
8  }
```

程序注释：

第1行：包含头文件。
第2行：定义主函数main。
第3行：main函数开始。
第4行：定义变量。
第5行：给所定义的变量赋值，0x03的二进制为11000000，参考数码管排列，对于共阳极数码管，将显示结果数字"0"。
第6行：将变量值赋给端口。
第7行：while循环。
第8行：main函数结束。

(2) 加入74LS47芯片的程序

实验程序：

```
1  #include<reg51.h>
2  void main(void)
3  {
4      int count;
5      count = 0x07;
6      while(1)
7      {
8          P3 = count;
9      }
10 }
```

程序注释：

第1行：包含头文件。
第2行：定义主函数main。
第3行：main函数开始。
第4行：定义变量。
第5行：给所定义的变量赋值，这里是十进制数的7。
第6行：进入while循环。
第8行：将变量值赋给端口。
第9行：while循环结束。
第10行：main函数结束。

2.3.4 仿真环境搭建

根据题目要求，实验2中程序(1)的器件清单见表2-6，搭建的仿真电路图如

图 2-12 所示。

表 2-6　实验 2 中(1)的器件清单

序　号	元器件	Proteus 关键词	数　量
1	AT89C51 单片机	AT89C51	1
2	一位共阳极数码管	7SEG-MPX1-CA	1

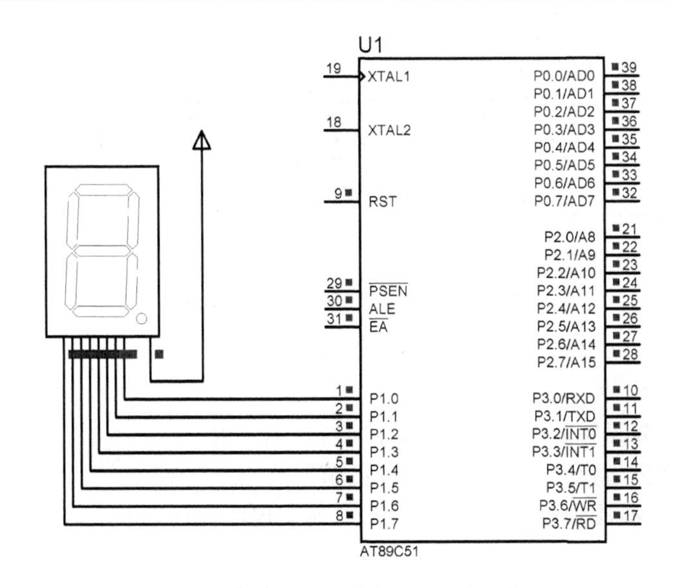

图 2-12　实验 2 中程序(1)的仿真电路图

实验 2 中(2)的器件清单见表 2-7,搭建的仿真电路图如图 2-13 所示。

表 2-7　实验 2 中程序(2)的器件清单

序　号	元器件	Proteus 关键词	数　量
1	AT89C51 单片机	AT89C51	1
2	一位共阳极数码管	7SEG-MPX1-CA	1
3	BCD-7 段数码管译码器	74LS47	1

2.3.5　测试运行

双击图 2-12 和图 2-13 中的单片机模型,分别加载在 Keil C 中生成的 HEX 文件。单击运行按钮,可以观察到数码管正确显示了变量值 0 和 7。

2.3.6　实验小结

本实验通过定义变量并赋值,控制一位数码管显示。这里用到的数码管是共阳极的。特别注意一下赋值的情况：程序(1)所赋值为 0x03,对应共阳极数码管的显示值为 0;而程序(2)所赋值为 0x07,即十进制数的 7,显示亦为 7。事实上,显示在数

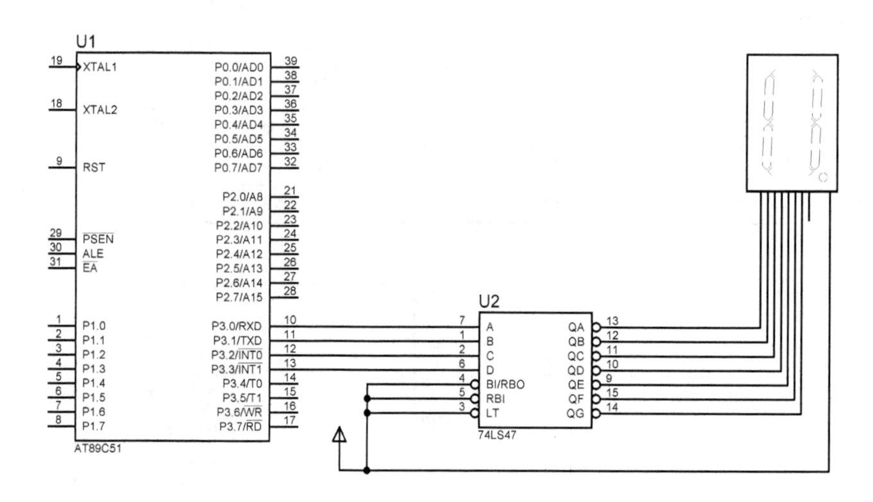

图 2-13　实验 2 中(2)的仿真电路图

码管上的 7 是由 74LS47 芯片转换成的 0x1F。

继续通过以下实验加深理解：

① 将一位数码管换成共阴极的，并同样显示 0 值。

② 分时赋值给数码管，以显示不同的值。

思考：如果换成多位一体的数码管，如何实现数值显示？

2.4　实验 3——C 语言的基本运算

2.4.1　任务及要求

任务：完成如下实验。

① 给定公式$(a+b)\times c/2$，求取其运算结果，并显示在数码管上。

② 比较两个数 a 和 b 的大小。如果 $a>b$，在数码管上显示比较结果 H；如果 $a<b$，在数码管上显示比较结果 L；如果 $a=b$，在数码管上显示比较结果 E。

③ 给定两个值，进行逻辑运算后在数码管上显示运算结果。

④ 使用位运算，实现数据的移位操作，并在 8 个 LED 灯上显示其效果。

要求：通过以上各实验，掌握 C 语言基本运算的操作；掌握显示器件的使用。

2.4.2　预备知识

C51 的运算符包括算术运算符、关系运算符、逻辑运算符和位运算符。

(1) 6 种算术运算符

加或取正：＋。

减或取负：－。

乘：*。

除：/。

取余：%。

以上，加、减、乘、除为双目运算符；取余运算要求两个运算对象为整型数据；取正和取负为单目运算符。

(2) 6 种关系运算符

小于：<。

小于或等于：<=。

大于：>。

大于或等于：>=。

等于：==。

不等于：! =。

“关系运算”实际上是两个值作一个比较，判断其比较的结果是否符合给定的条件。关系运算的结果只有两种可能，即“真”和“假”。前 4 种运算优先级高于后 2 种。

(3) 3 种逻辑运算符

逻辑与：&&。

逻辑或：||。

逻辑非：!。

逻辑运算的结果也只有两种可能，即“真”和“假”。

(4) 6 种位运算符

按位取反：~。

左移：<<。

右移：>>。

按位与：&。

按位或：|。

按位异或：^。

位运算符不改变参与运算的变量值。此外，位运算符不可以对浮点型数据进行操作。

2.4.3 程序生成

(1) 任务①～③(算术运算、关系运算和逻辑运算)实验程序

实验程序：

```
1   #include<reg51.h>
2   #define uchar unsigned char
3   #define uint unsigned int
4
```

```
    5  uchar code table[] = {0x3F,0x06,0x5b,0x4f,0x66,0x6d,0x7d,0x07,0x7f,0x6f,0x76,
0x38,0x79};
    6  uchar code seg[] = {0x07,0x0B,0x0D,0x0E};
    7
    8  //延时函数
    9  void delay(uint i)
   10  {
   11      uint j;
   12      for(i; i > 0; i--)
   13          for(j = 121; j > 0; j--);
   14  }
   15
   16  //数码管显示函数
   17  void display(uchar segNo, uchar num)
   18  {
   19      P2 = seg[segNo];
   20      P1 = table[num];
   21      delay(1);
   22  }
   23
   24  //主程序
   25  void main(void)
   26  {
   27      uchar a = 1;
   28      uchar b = 2;
   29      uchar c = 4;
   30
   31      while(1)
   32      {
   33          /* 算术运算 */
   34          display(0,(a + b) * c/2);
   35
   36          /* 关系运算 */
   37          if (a > b)
   38              display(1,10);     // 'H'
   39          else if (a < b)
   40              display(1,11);     // 'L'
   41          else
   42              display(1,12);     // 'E'
   43
   44          /* 逻辑运算 */
   45          display(2,(a && b));
   46      }
   47  }
```

程序注释：

第 1 行：导入包含文件。
第 2～3 行：无符号数据的宏定义。
第 5 行：共阴极数码管“0～9”，“H”，“L”，“E”等字符的编码。
第 6 行：数码管位选编码。
第 9～14 行：延时子程序。
第 17～22 行：数码管显示函数。其中，参数 segNo 为位选，segNo = 0 表示在个位上显示，segNo = 3 表示在千位上显示；参数 num 为显示的字符，0～9 显示字符“0～9”中的一位，10 显示字符“H”，11 显示字符“L”，12 显示字符“E”。
第 19 行：通过 P2 端口选择显示的位。
第 20 行：通过 P1 端口显示出数字。
第 21 行：延时 1 ms，给视觉一定的反应时间。
第 22 行：主函数入口。
第 27～29 行：申明变量并为它们赋初值。
第 31 行：while 循环语句，1 表示始终为真，一直循环。
第 34 行：算术运算，计算(a + b) × c/2 的值并将结果显示在 4 位数码管的个位上。
第 37～42 行：关系运算，比较两个数 a 和 b 的大小。如果 a>b，在数码管的十位上显示比较结果“H”；如果 a<b，在数码管上显示比较结果“L”；如果 a = b，在数码管上显示比较结果“E”。
第 45 行：逻辑运算，计算变量 a 和 b 相与的值，并将结果显示在百位上。
第 46 行：while 循环结束。
第 47 行：main 函数结束。

(2) 任务④(位运算)实验程序

实验程序：

```
1   #include<reg51.h>
2   #define uchar unsigned char
3   #define uint unsigned int
4
5   //延时函数
6   void delay(uint i)
7   {
8       uint j;
9       for(i; i > 0; i--)
10          for(j = 110; j > 0; j--);
11  }
12
13  //主函数
14  void main(void)
15  {
16      uchar a,i;
17
18      while(1)
19      {
20          a = 0xFF;
21          for (i = 0; i < 9; i++)
22          {
23              P1 = a;
24              delay(1000);
25              a <<= 1;
26          }
27          delay(1000);
28      }
29  }
```

程序注释：

第 1 行：导入包含文件。
第 2～3 行：无符号数据的宏定义。
第 6～11 行：延时子程序。
第 16 行：主函数入口。
第 14 行：声明变量。
第 18 行：while 循环语句，1 表示始终为真，一直循环。
第 20～27 行：位运算与显示。
第 20 行：为变量 a 赋初值。
第 21 行：移位循环，将变量的值通过 8 个 LED 灯显示效果。
第 23 行：变量当前值赋给 P1 口。
第 24 行：延时 1 s，使得从视觉上能够看到灯的亮灭。
第 25 行：实现数据的移位。
第 26 行：循环移位结束。
第 27 行：在一轮移位完成后暂停 1 s，然后继续下一轮运算并显示。
第 28 行：while 循环结束。
第 29 行：main 函数结束。

2.4.4　仿真环境搭建

根据题目要求，算术、关系、逻辑运算实验的器件清单见表 2－8。

表 2－8　算术、关系、逻辑运算实验器件清单

序　号	元器件	Proteus 关键词	数　量
1	AT89C51 单片机	AT89C51	1
2	4 位共阴极数码管	7SEG－MPX4－CC	1

算术、关系、逻辑运算实验在 Proteus 仿真软件中搭建的仿真电路如图 2－14 所示。

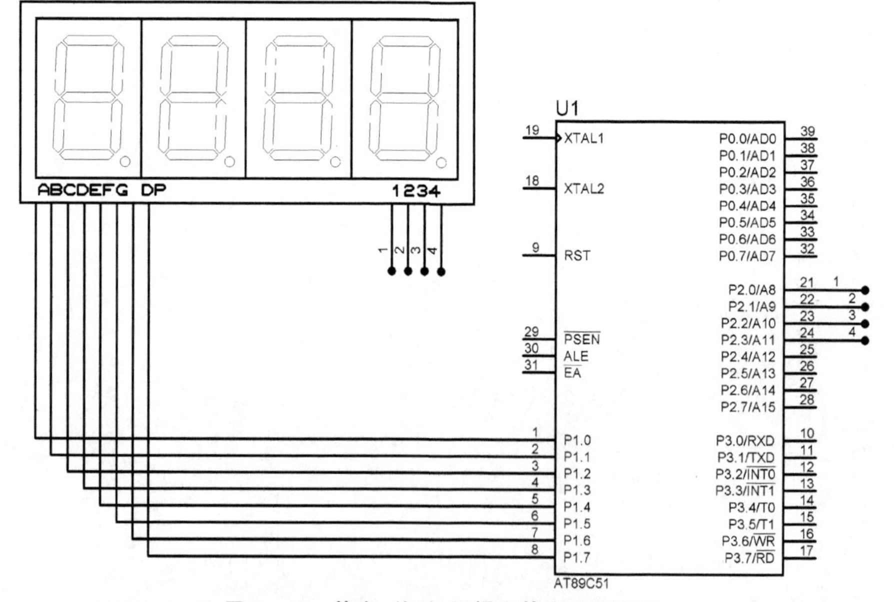

图 2－14　算术、关系、逻辑运算实验仿真图

位运算实验的器件清单见表 2-9。在 Proteus 仿真软件中搭建的仿真电路如图 2-15 所示。

表 2-9　位运算实验器件清单

序　号	元器件	Proteus 关键词	数　量
1	AT89C51 单片机	AT89C51	1
2	红色 LED	LED-RED	8

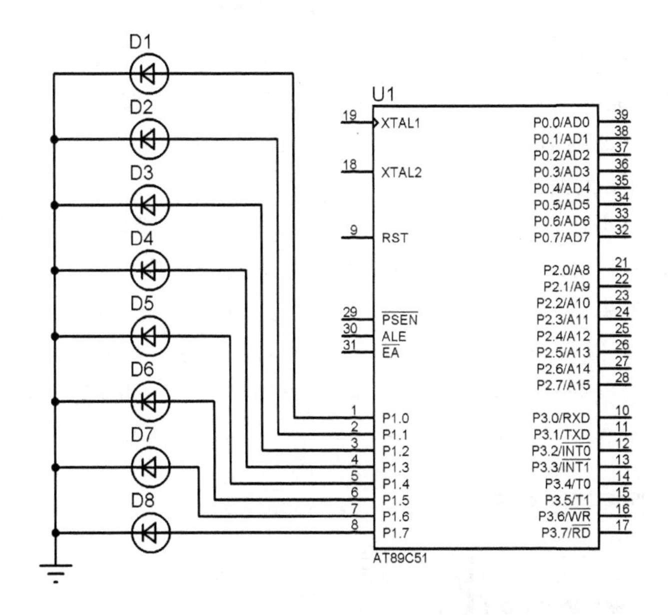

图 2-15　位运算实验仿真图

2.4.5　测试运行

双击单片机模型，加载在 Keil C 中生成的 HEX 文件。单击运行按钮，可以在数码管上观察到运行结果。

2.4.6　实验小结

(1) 实验内容

本节分别进行了算术、关系、逻辑和移位运算的实验。事实上，这些运算几乎存在于所有的程序中。因此，应在实验过程中不断深入体会。

(2) 实验中延时时间的计算

本实验的延时函数实现约 1ms 的延时。可以通过以下步骤来检验一下。该方法对于检验程序运行效率也同样有帮助。

通过 debug 查看延时时间：

① 设置仿真模式。选择 Target1→Options for Target 'Target1'→Debug，在弹出的对话框中选择 Use Simulator，如图 2-16 所示。

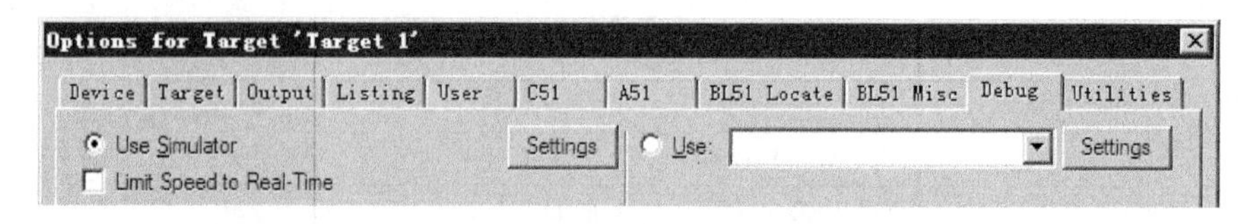

图 2-16　仿真模式选择

② 进入 Debug 模式。在菜单栏选择 Debug→Start/Stop Debug Session，会弹出 Running with Code size Limit：2K 对话框，单击 OK 按钮即可进入 Debug 模式。

③ 在需要查询的语句中设置断点。本文查询 delay 函数的执行时间，那么便在该函数的开始与结束两个地方设置断点。

④ 运行于单步运行。在菜单栏选择 Debug→Run 让程序运行到第一个断点处(第 11 行)，如图 2-17 所示。可以观察到左边 Register 窗口的 sec 值为 0.001 481，接着在菜单栏选择 Debug→Step 让程序单步运行到第二个断点处(第 13 行)，如图 2-18所示。可以看到左边 Register 窗口的 sec 值为 0.002 469。

⑤ 计算。根据两次记录的运行时间，可以得到执行 delay 延时函数的总时间为 0.002 469 s－0.001 481 s＝0.000 988 s＝0.988 ms，即约为 1 ms。

```
Sys
a        0x38
b        0x00
sp       0x09
sp_max   0x09
dptr     0x0891
PC  $    C:0x084C
states   1481
sec      0.00148100
psw      0xc1

07
08 void delay(uint i) //延时1ms子程序
09 {
10     uint j;
11     for(i; i > 0; i--)
12         for(j = 121; j > 0; j--);
13 }
14
```

图 2-17　运行到延时开始状态

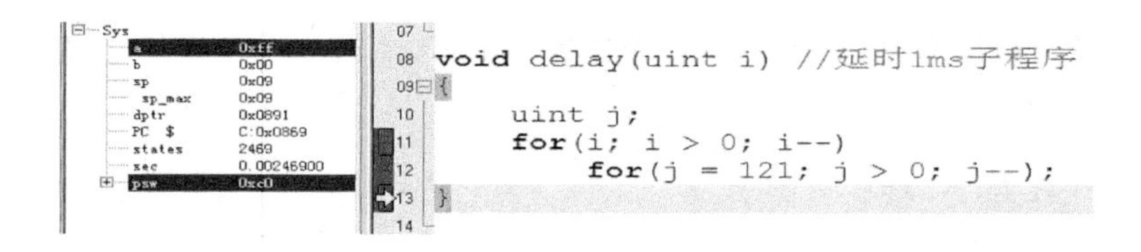

图 2-18　运行到延时结束状态

2.5　实验 4——C 语言的语句结构

2.5.1　任务及要求

任务：进行如下实验。

① 分别用 while 和 for 循环实现 1 到 100 的求和运算。

② 以按键是否按下为条件，当按下时 LED 灯亮，放开后灯灭。

③ 用分支结构实现：第一次按下开关，第一个发光二极管闪烁；再按时，第二个发光二极管闪烁；第三次按下时，第三个发光二极管闪烁；第四次按下时，第四个发光二极管闪烁。当再按下开关的时候，又轮到第一个灯闪烁。如此轮流。

要求：通过以上实验，熟悉 C 语言语句结构的使用，进一步熟悉仿真的各项步骤。

2.5.2　预备知识

1. C 语言的语句结构

(1) if 语句结构

① 单分支 if 语句：

```
if(表达式)语句
```

② 双分支 if 语句语句：

```
if(表达式)语句 1 else 语句 2
```

③ 多分支 if 语句：

```
if(表达式 1) 语句 1
    else if(表达式 2) 语句 2
    else if(表达式 3) 语句 3
    ⋮
    else if(表达式 m) 语句 m
else 语句 n
```

④ 嵌套的 if 语句：

```
if(表达式)
    if(表达式 1)   语句 11
    else   语句 12
else
    if(表达式 2)   语句 21
    else   语句 22
```

以上嵌套使用时，特别要注意 if 和 else 的配对。

(2) switch 语句结构

```
switch(表达式)
{
   case  常量表达式 1：语句 1
   case  常量表达式 2：语句 2
   ⋮
   case  常量表达式 n：语句 n
   default：语句 n+1
}
```

一般在每一段 case 的结束加入“break;”语句，使程序退出 switch 结构，即终止

switch 语句的执行；否则，程序会继续执行后续语句，而不退出 switch 结构。

(3) while 语句结构

① 当型循环：

```
while(表达式)
    循环体语句
```

② 直到型循环：

```
do
    循环体语句
while(表达式)
```

以上两种类型的区别在于前者是先判断再执行，后者是先执行再判断。

(4) for 语句结构

```
for(表达式 1;表达式 2;表达式 3)
    循环体语句
```

(5) break 语句和 continue 语句

```
break;
continue;
```

break 语句不能用于循环语句和 switch 语句之外的任何其他语句中；break 语句是结束整个循环过程，不再判断执行循环的条件是否成立。

continue 只能用于循环语句中；continue 语句只结束本次循环，而不是终止整个循环的执行。

2. 开关的认识

开关是中断电流在电路中流动或改变其流向的机械装置。图 2-19 显示了开关的两种用途。

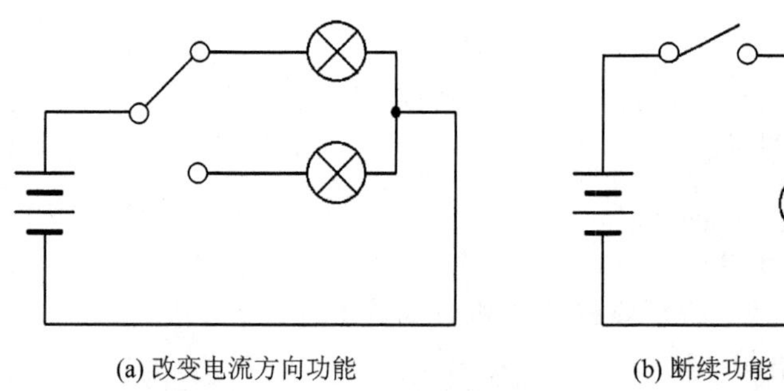

图 2-19　开关的两种用途

开关的种类不胜枚举，有拨动开关、按钮开关、撳钮开关、旋钮开关、磁力簧片开关、二进制编码开关、DIP 开关、倾斜开关等，可根据具体用途来选择。

图 2-20 所示是生活中常见的双联开关电路。这个电路在很多家庭布线时使用，以实现用两个位置中的任何一个开关来开灯或关灯。

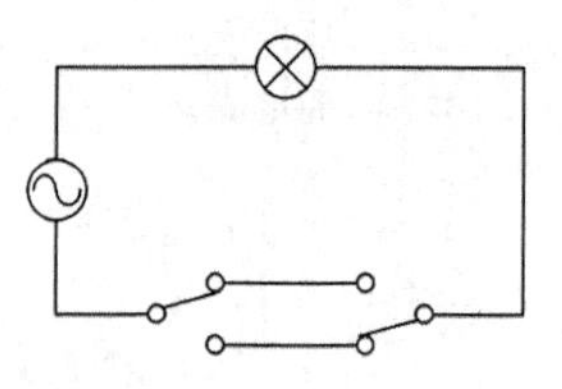

图 2-20　双联开关电路

2.5.3　程序生成

(1) while 和 for 的实验程序——实现 1 到 100 的求和运算

实验程序：

```
1  #include<reg51.h>
2  #define uchar unsigned char
3  #define uint unsigned int
4
5  uchar code table[] = {0x3F,0x06,0x5b,0x4f,0x66,0x6d,0x7d,0x07,0x7f,0x6f,0x76,
0x38,0x79};
6  uchar code seg[] = {0x07,0x0B,0x0D,0x0E};
7
8 //延时函数
9  void delay(uint i)
10  {
11       uint j;
12       for(i; i > 0; i--)
13           for(j = 110; j > 0; j--);
14  }
15
16  //显示函数
17  void display(uchar segNo, uchar num)
18  {
19       P2 = seg[segNo];
20       P1 = table[num];
21       delay(1);
22  }
23
24  //主函数
25  void main(void)
26  {
27       uchar i = 1;
28       uint sum = 0;
29
30  //     for (i = 1; i <= 100; i++)
31  //     {
32  //         sum += i;
33  //     }
34
35       while (i < 101)
36       {
37           sum += i;
38           i++;
39       }
40
41       while(1)
```

```
42        {
43            display(3,sum/1000);
44            display(2,sum%1000/100);
45            display(1,sum/10%100);
46            display(0,sum%10);
47        }
48    }
```

程序注释：

第1行：导入包含文件。

第2～3行：无符号数据的宏定义。

第5行：共阴极数码管“0～9”,“H”,“L”,“E”等字符的编码。

第6行：数码管位选编码。

第9～14行：1 ms延时子程序。

第17～22行：数码管显示函数。其中,参数segNo为位选,segNo=0表示在个位上显示,segNo=3表示在千位上显示;参数num为显示的字符,0～9显示字符“0～9”中的一位,10显示字符“H”,11显示字符“L”,12显示字符“E”。

第19行：通过P2端口选择显示的位。

第20行；通过P1端口显示出数字。

第21行；延时1 ms,给视觉一定的反应时间。

第25行：主函数入口。

第27行：声明循环变量并为其赋初值。

第28行：声明变量sum,存放计算结果。

第30～33行：用for循环计算1到100的和,其结果存放在变量sum中。

第35～39行：用while循环计算1到100的和,其结果存放在变量sum中。

第41行：while循环语句,1表示始终为真,一直循环。

第43～46行：在数码管上显示计算结果。将计算结果sum的个、十、百和千位取出,分别显示在4位的数码管上。

第47行：while循环结束。

第48行：main函数结束。

(2) if和switch的实验程序——开关控制LED灯循环闪烁

实验程序：

```
1  #include<reg51.h>
2  #define uchar unsigned char
3  #define uint unsigned int
4
5  sbit BUTTON = P1^0;
6
7  sbit D1 = P1^4;
8  sbit D2 = P1^5;
9  sbit D3 = P1^6;
10  sbit D4 = P1^7;
11
12  //延时函数
13  void delay(uint i)
14  {
15      uint j;
```

```
16      for(i; i > 0; i--)
17          for(j = 110; j > 0; j--);
18  }
19
20  //主函数
21  void main(void)
22  {
23      uchar i = 5;
24      P1 = 0x0F;
25      while(1)
26      {
27          if (BUTTON == 0)
28          {
29              delay(20);
30              if (BUTTON == 0)
31              {
32                  i++;
33
34                  if (i > 3)
35                      i = 0;
36
37                  switch (i)
38                  {
39                      case 0: D1 = 1; delay(300); D1 = 0; break;
40                      case 1: D2 = 1; delay(300); D2 = 0; break;
41                      case 2: D3 = 1; delay(300); D3 = 0; break;
42                      case 3: D4 = 1; delay(300); D4 = 0; break;
43                  }
44
45                  while(! BUTTON);
46
47              }
48          }
49      }
50  }
```

程序注释：

第 1 行：导入包含文件。

第 2～3 行：无符号数据的宏定义。

第 5 行：定义按键的端口位。

第 7～10 行：4 个 LED 发光二极管的端口位定义。

第 13～18 行：延时函数。

第 21 行：主函数 main 入口。

第 23 行：定义变量 i，表示按键第 i 次被按下。$i = 0$ 表示第一次被按下，$i = 3$ 表示第四次被按下。其初值为 5 表示初始时刻没有按键被按下。

第 24 行：端口 P1 赋值 0x0F，初始化熄灭 4 个 LED 发光二极管。

第 25 行：while 循环语句，1 表示始终为真，一直循环。

第 27 行：判断按键是否按下。

第 29 行：延时 20 ms，用于按键消抖。

第 30 行：再次确认按键是否按下。

第 32 行：若按键确实按下，则将变量 *i* 自加 1。

第 34～35 行：对变量 *i* 的取值范围进行限制。

第 37～43 行：判断并闪烁二极管。第 39 行表示应该闪动第一个 LED 发光二极管，其中 D1 = 1 表示点亮二极管，delay(300)表示停留 300 ms，然后通过 D1 = 0 熄灭二极管，以此完成一次闪烁。其他类同。

第 45 行：等待按键释放。若 BUTTON 端口的值为零，则表示按键处于按下的状态，等待按键弹起。BUTTON 端口取值为 1，即退出本行的 while 循环。

第 47～48 行：判断按键是否按下结束。

第 49 行：while 循环结束。

第 50 行：main 函数结束。

2.5.4 仿真环境搭建

根据题目要求，搭建仿真环境如下：

for 和 while 仿真实验所需器件清单见表 2-10。Proteus 环境下搭建的仿真电路如图 2-21 所示。

表 2-10 for 和 while 实验器件清单

序 号	元器件	Proteus 关键字	数 量
1	AT89C51 单片机	AT89C51	1
2	4 位共阴极数码管	7SEG-MPX4-CC	1

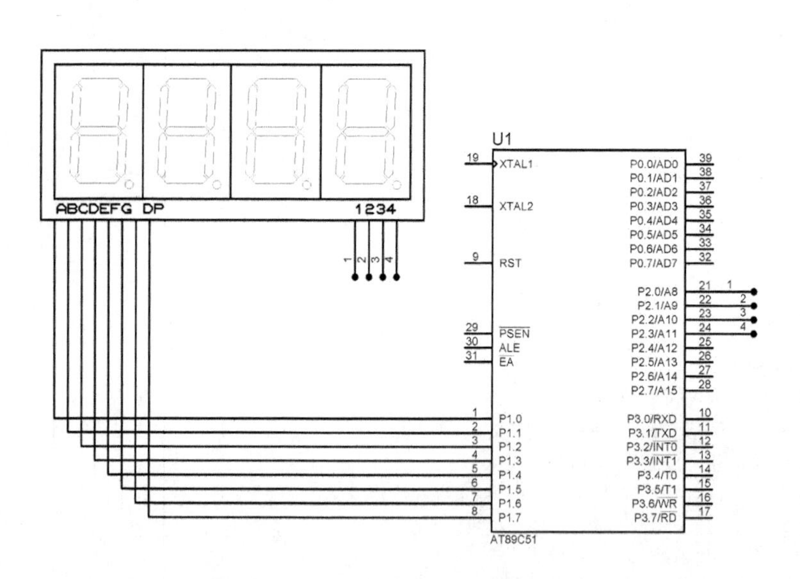

图 2-21 for 和 while 实验仿真电路图

if 和 switch 实验所需器件清单见表 2-11。Proteus 环境下搭建的仿真电路如图 2-22 所示。

表 2-11 if 和 switch 实验器件清单

序 号	元器件	Proteus 关键字	数 量
1	AT89C51 单片机	AT89C51	1
2	LED 发光二极管	LED	4
3	按钮	BUTTON	1

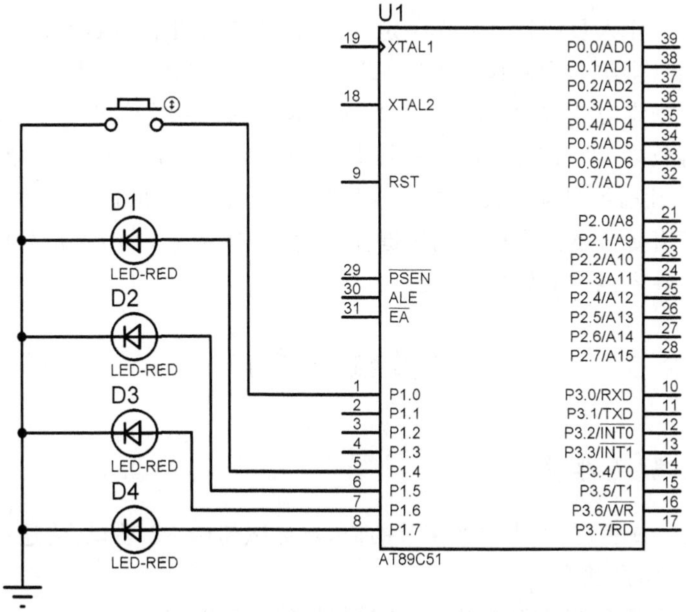

图 2-22 if 和 switch 实验仿真电路图

2.5.5 测试运行

对于 while 和 for 实验，双击单片机模型，加载在 Keil C 中生成的 HEX 文件。单击运行按钮，可以看到数码管上显示“5050”，即表示将 1 到 100 的计算结果正确显示到数码管上。

对于 if 和 switch 实验，双击单片机模型，加载在 Keil C 中生成的 HEX 文件。单击运行按钮，可以观察到第一次按下按键，第一个发光二极管 D1 闪烁；再按时，第二个发光二极管 D2 闪烁；第三次按下时，第三个发光二极管 D3 闪烁；第四次按下时，第四个发光二极管 D4 闪烁。当再按下开关的时候，又轮到第一个发光二极管 D1 闪烁。如此轮流下去。

2.5.6 实验小结

本次实验完成了 C 语句结构的实验。应该通过实验仔细体会各种语句结构的使用方法、场合和技巧。

在本次实验中用到了按键去抖处理。这里作简要说明：

通常的按键所用开关为机械弹性开关，当机械触点断开、闭合时，由于机械触点的弹性作用，一个按键开关在闭合时不会马上稳定地接通，在断开时也不会一下子断开，因而在闭合及断开的瞬间均伴随有一连串的抖动。为了不产生这种现象而采取的措施就是按键消抖。

抖动时间的长短由按键的机械特性决定，一般为 5～10 ms。按键稳定闭合时间的长短则是由操作人员的按键动作决定的，一般为零点几秒至数秒。键抖动会引起一次按键被误读多次。为确保 CPU 对键的一次闭合仅作一次处理，必须去除键抖动。在键闭合稳定时读取键的状态，并且必须判别到键释放稳定后再作处理。

如果按键较多，常用软件方法消抖，即检测出键闭合后执行一个延时程序，5～10 ms 的延时，让前沿抖动消失后再一次检测键的状态，如果仍保持闭合状态电平，则确认为真正有键按下。当检测到按键释放后，也要给 5～10 ms 的延时，待后沿抖动消失后才能转入该键的处理程序。

2.6　实验 5——C 语言数组的使用

2.6.1　任务及要求

任务：通过查表，获得表中各字节的值，然后赋值给 P2 端口，使连接在 P2 端口的 LED 灯显示不同状态。

要求：通过实验，掌握数组概念，熟悉数组的编程操作。

2.6.2　预备知识

1. C 语言中的数组

C 语言的构造类型数据有数组、结构体和共用体 3 种。这里以数组为代表作简要介绍。

在 C 语言中，数组必须要先定义，后使用。一维数组的定义方式为：

```
类型说明符　数组名[整型表达式]；
```

以上定义方式中，类型说明符是任一种标准数据类型或构造数据类型，是数组中各个元素的数据类型；数组名是用户定义的数组标识符；方括号中的常量表达式表示数据元素的个数，也称为数组的长度。

数组中元素的次序由下标来确定。下标从 0 开始顺序编号。

数组的类型是指构成数组的元素的类型。对于同一个数组，其所有元素的数据类型都应该是相同的。

数组名的书写规则应符合标识符的命名规则，并且不能与其他变量同名。

常量表达式可以是符号常量或常量表达式，但是不能包含变量，即不能对数组的大小作动态的定义。

二维及多维数组的定义类同。二维数组的定义方式为：

```
类型说明符　数组名[整型表达式 1][整型表达式 2];
```

2. 排　阻

作为某个并行口的上拉或者下拉电阻的排阻，一般由若干参数完全相同的电阻组成，图 2-23 所示是 8 个电阻的排阻。它们的一个引脚都连到一起，作为公共引脚，其余引脚正常引出。所以，如果一个排阻是由 n 个电阻构成的，那么它就有 $n+1$ 只引脚。一般来说，最左边的引脚为公共引脚，在排阻上一般用一个色点标出来。

图 2-23　排阻

(1) 排阻的优势

与色环电阻相比，排阻具有整齐、所占空间少的优势。

(2) 排阻的识别

以图 2-23 为例，A 表示有奇数个引脚。同样的，B 表示有偶数个引脚。102 表示阻值，为 $10\times10^2\,\Omega$（第一、第二位为有效数字，第三位表示前两位数字乘 10 的 N 次方）。G 表示了排阻值误差精度，为±2%。这里限于篇幅不系统说明，遇到其他标识的排阻时，可查一下相关资料。

(3) 排阻的测量

使用万用表测任意两脚确定公共脚。所有脚对公共脚的阻值均是标称值，除公共脚外其他任意两脚的阻值是标称值的 2 倍，因为此时相当于两个电阻串联。

2.6.3　程序生成

实验程序：

```
1  #include<reg51.h>
2  unsigned char code table[] = {0x7f,0xbf,0xdf,0xef,0xf7,0xfb,0xfd,0xfe,0xff,0xff,
0x00,0x00,0x55,0x55,0xaa,0xaa};
3  void delay(unsigned int t);
4
5  //主函数
6  void main (void)
7  {
8       unsigned char i;
9
10       while (1)
11       {
12            for(i = 0;i<16;i++)
13            {
```

```
14                  P2 = table[i];
15                  delay(20000);
16              }
17          }
18  }
19
20  //延时函数
21  void delay(unsigned int t)
22  {
23      while( -- t);
24  }
```

程序注释：

第1行：包含头文件。
第2行：定义数组，包含了要显示的不同值。
第3行：延时函数申明。
第6行：主函数开始。
第8行：定义一个无符号字符型局部变量 *i*，取值范围为0～255。
第10行：主循环开始。
第12行：for循环，程序循环运行16次，依次取出表中的16个元素。
第14行：把当次取得的值赋值给P2端口。
第15行：进行一定的延时。
第21～24行：延时函数，以传递参数为延时起始值，递减到0为止。

2.6.4 仿真环境搭建

根据题目要求，实验所需器件见表2-12，仿真电路图如图2-24所示。

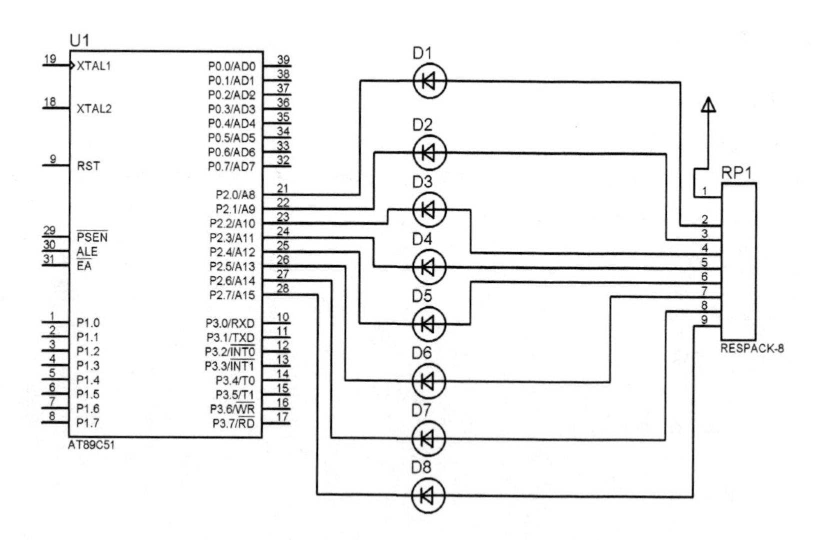

图2-24　实验仿真电路图

表 2-12　实验器件清单

序　号	元器件	Proteus 关键字	数　量
1	单片机	AT89C51	1
2	发光二极管	LED-BLUE	8
3	排阻	RESPACK-8	1

2.6.5　测试运行

加载程序，并单击运行按钮，可以看到发光二极管以不同的方式闪烁。

2.6.6　实验小结

本次实验中，发光二极管的闪烁效果是通过分别取出数组中不同的值，赋给 P2 端口的。相比于移位操作，这种方式对于发光二极管的显示并不是很快捷的方法。这里主要用于展示数组的使用。

2.7　实验 6——C 语言指针的使用

2.7.1　任务及要求

任务：定义指针变量并赋值，将指针变量的值显示在数码管上。

要求：通过实验，掌握 C 语言指针的使用，进一步熟悉相关器件的使用。

2.7.2　预备知识

(1) 指针与指针变量的概念

变量的地址即是该变量的指针。专门存放变量地址的变量称为指针变量。

(2) 指针变量定义及引用

以下通过示例进行说明。

int t：定义变量 t。

int x：定义变量 x。

int * pt：定义指针变量 pt。 * 号用于表明 pt 是个指针变量。

pt=&t：用取址符 & 把变量 t 的地址取出并赋给指针变量 pt，即 pt 用来存放 t 的地址。

x= * pt： * 号在这里是取出 pt 所指向地址的内容，也即 t 的值，并赋值给 x。

(3) 数组指针

指针指向数组时，它指向的是数组的首地址，而指向数组元素的指针则是数组元素的地址。

2.7.3 程序生成

实验程序：

```
1  #include<reg51.h>
2  #define uchar unsigned char
3  #define uint unsigned int
4
5  uchar code table[] = {0x3F,0x06,0x5b,0x4f,0x66,0x6d,0x7d,0x07,0x7f,0x6f};
6  uchar code seg[] = {0x07,0x0B,0x0D,0x0E};
7
8  //延时函数
9  void delay(uint i)
10 {
11     uint j;
12     for(i; i > 0; i--)
13         for(j = 110; j > 0; j--);
14 }
15
16 //数码管显示函数
17 void display(uchar segNo, uchar num)
18 {
19     P2 = seg[segNo];
20     P1 = table[num];
21     delay(1);
22 }
23
24 //主函数
25 void main(void)
26 {
27     uchar *i, a = 0x22;
28     uint jj;
29     i = &a;
30
31     while(1)
32     {
33         for(jj = 0;jj<100;jj++)
34         {
35             display(3,(uchar)i/1000);
36             display(2,(uchar)i%1000/100);
37             display(1,(uchar)i/10%100);
38             display(0,(uchar)i%10);
39         }
40         delay(100);
41         for(jj = 0;jj<100;jj++)
42         {
43             display(3,(uchar)(*i)/1000);
44             display(2,(uchar)(*i)%1000/100);
45             display(1,(uchar)(*i)/10%100);
```

```
46                  display(0,(uchar)( * i) % 10);
47              }
48          }
49  }
```

程序注释：

第 1 行：导入包含文件。

第 2～3 行：无符号数据的宏定义。

第 5 行：共阴极数码管“0～9”等字符的编码。

第 6 行：数码管位选编码。

第 9～14 行：延时函数。

第 17～22 行：数码管显示函数。其中参数 segNo 为位选，segNo = 0 表示在个位上显示，segNo = 3 表示在千位上显示；参数 num 为显示的字符，0～9 显示字符“0～9”中的一位。第 19 行通过 P2 端口选择显示的位，第 20 行通过 P1 端口显示出数字，第 21 行延时 1ms，给视觉一定的反应时间。

第 25 行：主函数入口。

第 27 行：声明指针变量 i，i 为指向一个无符号字符型单元的指针。同时定义变量 a 并赋初值。

第 28 行：声明变量 jj，在数码管显示时作为循环变量。

第 29 行：为指针变量 i 赋值，其值为 a 变量的地址。

第 31 行：while 循环语句，1 表示始终为真，一直循环。

第 33～39 行：将指针变量值显示在数码管上，即显示变量 a 的地址。

第 40 行：进行一定时间的延时。

第 41～47 行：将指针变量所指向地址的内容显示在数码管上，即显示变量 a 的值。

第 48 行：while 循环结束。

第 49 行：main 函数结束。

2.7.4　仿真环境搭建

根据题目要求，实验所需器件清单如表 2－13 所列，Proteus 环境下搭建的仿真电路如图 2－25 所示。

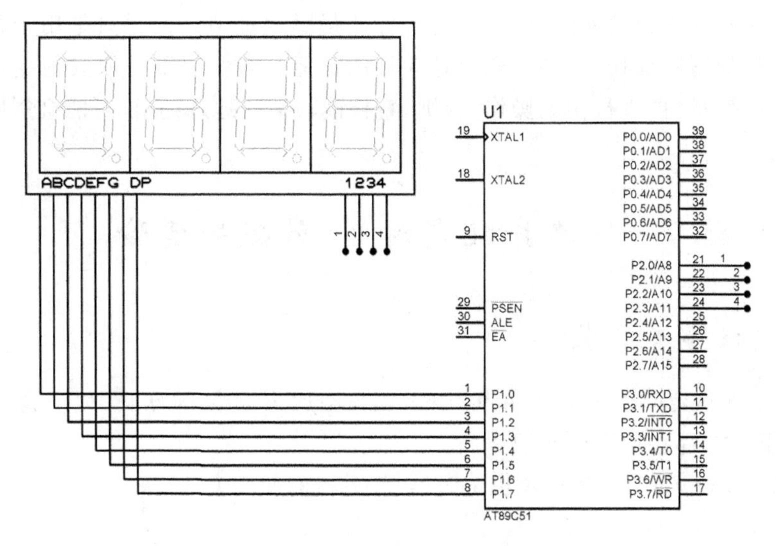

图 2－25　实验仿真电路图

表 2-13　实验器件清单

序　号	元器件	Proteus 关键字	数　量
1	AT89C51 单片机	AT89C51	1
2	4 位共阴极数码管	7SEG-MPX4-CC	1

2.7.5　测试运行

在 Proteus 环境下，双击单片机模型，加载在 Keil C 中生成的 HEX 文件。单击运行按钮，可以观察到数码管轮流显示 0011 和 0034。0011 对应十六进制地址 0x0b，0034 对应 a 的十进制值。

通过以下方式可以查看 0x0b 地址的数据值。具体操作为：在 Keil 环境下运行工程文件，并进入调试模式（按组合键 Ctrl+F5），继续选择运行（按快捷键 F5）。在快捷图标中找到 Memory Window，单击即打开内存查看窗口。在 Address（地址）文本框中输入 d:0x0b，即可观察其内部数据为 22（十进制为 34），与所赋初值相同，如图 2-26 所示。

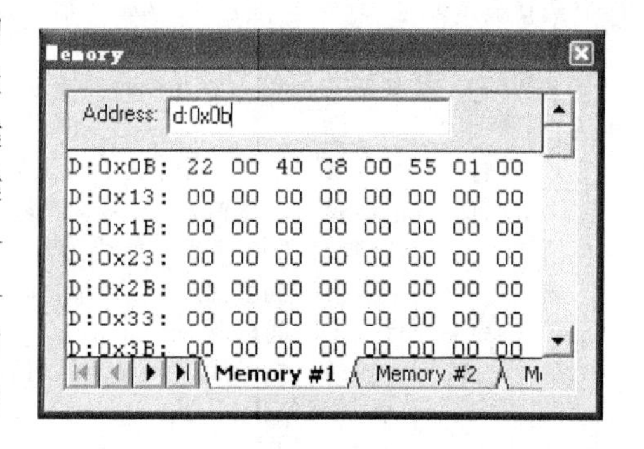

图 2-26　观察内存地址数据窗口

2.7.6　实验小结

本实验定义指针变量并为其赋值，之后将指针地址和其地址所指向内容分别显示在数码管上。应该仔细体会指针值和其指向内容的区别。

有的用户在进行该实验时，直接为指针变量赋地址值。因为只是用于显示而不对其进行任何写的操作，这种方式也是允许的。但一般情况下是取其他变量的地址后赋给指针变量，再进行相关操作；否则，直接读写某一地址的值，可能会影响到其他程序的运行。

2.8　实验 7——单片机定时器/计数器实验

2.8.1　任务及要求

任务：通过定时器生成周期为 100 ms、占空比为 50%的方波；对按键计数，从 0 计到 16(F)，之后返回到 0，重复进行。

要求：通过实验，掌握单片机定时器/计数器的使用方法。

2.8.2 预备知识

首先对定时器/计数器作简要介绍。

16 位的定时器/计数器实质上是一个加 1 计数器，可实现定时和计数两种功能，其功能由软件控制和切换。

定时功能的原理：每过一个机器周期，计数器加 1，直至计满溢出，即对机器周期进行计数。

定时器的定时时间与系统的时钟频率有关。一个机器周期等于 12 个时钟周期，所以计数频率应为系统时钟频率的 1/12（即机器周期）。例如，晶振频率为 12 MHz，则机器周期为 1 μs。

通过改变定时器的定时初值，并适当选择定时器的长度（8 位、13 位或 16 位），可以调整定时时间。

计数功能的原理：通过外部计数输入引脚 T0(P3.4)和 T1(P3.5)对外部脉冲信号计数，外部脉冲信号的下降沿触发计数。

检测一个由 1 至 0 的跳变需要两个机器周期，外部信号的最高计数频率为时钟频率的 1/24。若晶振频率为 12 MHz，则最高计数频率为 0.5 MHz。

为了确保给定电平在变化前至少被采样一次，外部计数脉冲的高电平与低电平的保持时间均需在一个机器周期以上。

(1) 初始化过程

在定时器/计数器开始工作之前，CPU 必须对其进行初始化，基本过程为：

① 工作方式控制字写入定时器方式寄存器(TMOD)。

② 工作状态控制字(或相关位)写入定时器控制寄存器(TCON)。

③ 赋定时/计数初值给 TH0(TH1)和 TL0(TL1)。

(2) 定时器方式寄存器 TMOD

TMOD 的作用是设置 T0、T1 的工作方式。

TMOD 的格式为：

D7	D6	D5	D4	D3	D2	D1	D0
GATE	$C/\overline{T}$	M1	M0	GATE	$C/\overline{T}$	M1	M0

其中，前 4 位是针对定时器 1 设置，而后 4 位是针对定时器 0 设置。

GATE：门控位。当 GATE=0 时，用软件启动定时器，用指令使 TCON 中的 TR1(TR0)置 1 即可启动定时器 1(定时器 0)；当 GATE=1 时，用软件和硬件共同启动定时器，用指令使 TCON 中的 TR1(TR0)置 1 时，只有外部中断 INT0(INT1)引脚输入高电平时，才能启动定时器 1(定时器 0)。

$C/\overline{T}$：功能选择位。$C/\overline{T}=0$ 时，以定时器方式工作；$C/\overline{T}=1$ 时，以计数器方式工作。

M1、M0：方式选择位，具体定义见表2-14。

表2-14 定时器工作方式选择位定义

M1	M0	工作方式	功能描述
0	0	方式0	13位计数器
0	1	方式1	16位计数器
1	0	方式2	自动重装初值8位计数器
1	1	方式3	定时器0：分为两个独立的8位计数器；定时器1：无中断的计数器

(3) 定时器控制寄存器TCON

TCON的作用是控制定时器的启动与停止，并保存T0、T1的溢出和中断标志。TCON的格式为：

8FH	8EH	8DH	8CH	8BH	8AH	89H	88H
TF1	TR1	TF0	TR0	IE1	IT1	IE0	IT0

TF1：定时器1溢出标志位。当定时器1计满溢出时，由硬件自动使TF1置1，并申请中断。对该标志位有两种处理方法：以中断方式工作，即TF1置1并申请中断，响应中断后，执行中断服务程序，并由硬件自动使TF1清0；以查询方式工作，即通过查询该位是否为1来判断是否溢出，TF1置1后必须用软件使TF1清0。

TR1：定时器1启停控制位。GATE=0时，用软件使TR1置1即启动定时器1，若用软件使TR1清0，则停止定时器1；GATE=1时，用软件使TR1置1的同时外部中断INT1的引脚输入高电平才能启动定时器1。

TF0：定时器0溢出标志位，功能同TF1。

TR0：定时器0启停控制位，功能同TR1。

(4) 定时器/计数器方式0工作过程

① 方式0构成一个13位定时器/计数器，定时器1的结构和操作与定时器0完全相同。

② 软件使TR0置1，接通控制开关，启动定时器0，13位加1计数器在定时初值或计数初值的基础上进行加1计数。

③ 软件使TR0清0，关断控制开关，停止定时器0，加1计数器停止计数。

④ 计数溢出时，13位加1计数器为0，TF0由硬件自动置1，并申请中断，同时13位加1计数器继续从0开始计数。

(5) 定时器/计数器方式1工作过程

定时器/计数器是一个由TH0中的8位和TL0中的8位组成的16位加1计数器。

方式1与方式0基本相似，最大的区别是方式1的加1计数器位数是16位。

(6) 定时器/计数器方式2工作过程

① 定时器/计数器是一个能自动装入初值的8位加1计数器，TH0中的8位用

于存放定时初值或计数初值，TL0 中的 8 位用于加 1 计数器。

② 加 1 计数器溢出后，硬件使 TF0 自动置 1，同时自动将 TH0 中存放的定时初值或计数初值再装入 TL0，继续计数。

(7) T0 方式 3 工作过程

T0 分为两个独立的 8 位加 1 计数器 TH0 和 TL0。

TL0 既可用于定时，也能用于计数；TH0 只能用于定时。

T0 方式 3 的结构特点：加 1 计数器 TL0 占用了 T0 除 TH0 外的全部资源，原 T0 的控制位和信号引脚的控制功能与方式 0、方式 1 相同；与方式 2 相比，只是不能自动将定时初值或计数初值再装入 TL0，而必须用程序来完成；加 1 计数器 TH0 只能用于简单的内部定时功能，它占用了原 T1 的控制位 TR1 和 TF1，同时占用了 T1 中断源。

T0 方式 3 下 T1 的结构特点：T1 不能工作在方式 3 下，因为当 T0 工作在方式 3 下时，T1 的控制位 TR1、TF1 和中断源被 T0 占用；T1 可工作在方式 0、方式 1、方式 2 下，但其输出直接送入串行口；设置好 T1 的工作方式，T1 就自动开始计数；若要停止计数，可将 T1 设为方式 3；T1 通常用做串行口波特率发生器，以方式 2 工作会使程序更加简单。

2.8.3 程序生成

(1) 定时器实验程序

实验程序：

```
1  #include<reg51.h>
2  sbit LED = P1^0;
3
4  //定时器初始化函数
5  void init(void)
6  {
7      TMOD = 0x01;
8      TH0 = (65536 - 50000)/256;
9      TH0 = (65536 - 50000) % 256;
10     TR0 = 1;
11     ET0 = 1;
12     EA = 1;
13 }
14
15 //主函数
16 void main(void)
17 {
18     init();
19     while(1);
20 }
21
```

```
22  //中断服务函数
23  void TMR0Isr(void) interrupt 1
24  {
25      TH0 = (65536 - 50000)/256;
26      TH0 = (65536 - 50000) % 256;
27      LED = ! LED;
28  }
```

程序注释：

第1行：导入包含文件。

第2行：输出的位定义，P1.0口为方波输出口。

第5～13行：定时器0初始化函数。

第7行：设置定时器0工作于方式1。

第8、9行：给定时器0赋计数初值，计满50 ms产生中断请求。由于AT89C51单片机为增量计数，溢出后产生中断，而T0为16位计数，则计到65 536时溢出；对应的若晶振为12 MHz，那么每计数一次花费1 μs时间，50 ms需要计数50 000次，50 ms的计算初值即为(65 536－50 000)。

第10行：启动定时器0。

第11行：允许定时器0中断。

第12行：允许总中断。

第16行：主函数入口。

第18行：调用定时器0初始化函数。

第18行：while循环语句，1表示始终为真，一直循环。

第19行：main函数结束。

第24～28行：定时器0中断服务子函数。其中interrupt 1表示定时器0的中断优先级为第二。

第25、26行：为定时器0重新赋计数初值，仍为50ms后中断。

第27行：给P1.0端口取反，变换电平形成方波。

第28行：中断服务函数结束。

(2) 计数器实验程序

实验程序：

```
1  #include<reg51.h>
2  unsigned char code table[] = {0x3f,0x06,0x5b,0x4f,0x66,0x6d,0x7d,0x07,0x7f,0x6f,
0x77,0x7c,0x39,0x5e,0x79,0x71};
3  void delay(unsigned int t);
4
5  //初始化函数
6  void init(void)
7  {
8      TMOD = 0X50;
9      TH1 = 0X00;
10     TL1 = 0X00;
11     IE = 0X00;
12     TR1 = 1;
13 }
14
15 unsigned int count = 0;
16
```

```
17 //主函数
18 void main (void)
19 {
20     unsigned char i,j;
21     init();
22     for(;;)
23     {
24         P1 = table[count];
25         delay(30000);
26         i = TL1;j = TH1;
27         count = (j << 8) + i;
28         if(count> = 16)
29         {
30             TH1 = 0X00;
31             TL1 = 0X00;
32         }
33     }
34 }
35
36 //延时函数
37 void delay(unsigned int t)
38 {
39     while( -- t);
40}
```

程序注释：

第 1 行：包含头文件。

第 2 行：显示段码值 0～F，对共阴极数码管。

第 3 行：延时函数申明。

第 6～13 行：计数器初始化函数。

第 8 行：设置计数器工作方式。0X50 表示选定定时器/计数器 1，以计数器方式工作，并以方式 1 工作，即作为 16 位计数器。

第 9、10 行：赋初值为 0。

第 11 行：关中断，防止中断干扰(其意义在下节讲到)。

第 12 行：启动计数器 1。

第 15 行：定义全局变量，用于保存计数值。

第 18 行：主函数开始。

第 20 行：定义无符号字符型局部变量，分别保存计数值的低位和高位。

第 21 行：计数器初始化。

第 22 行：循环开始。

第 24 行：取显示初值赋给 P1 口。

第 25 行：延时。

第 26 行：取出计数器中的低位与高位值。

第 27 行：组合为计数值。

第 28～32 行：判断是否超过 16。如果超过，将计数值恢复为 0。

第 37～40 行：延时函数。

2.8.4　仿真环境搭建

根据题目要求，定时器实验所需器件清单见表 2-15。

表 2-15　实验所需器件清单

序　号	元器件	Proteus 关键字	数　量
	AT89C51 单片机	AT89C51	1
	虚拟示波器		1

其中，虚拟示波器通过在屏幕空白处右击→place→Virtual Instrument→OSCILLOSCOPE 调出。在 Proteus 仿真软件中搭建的仿真电路如图 2-27 所示。

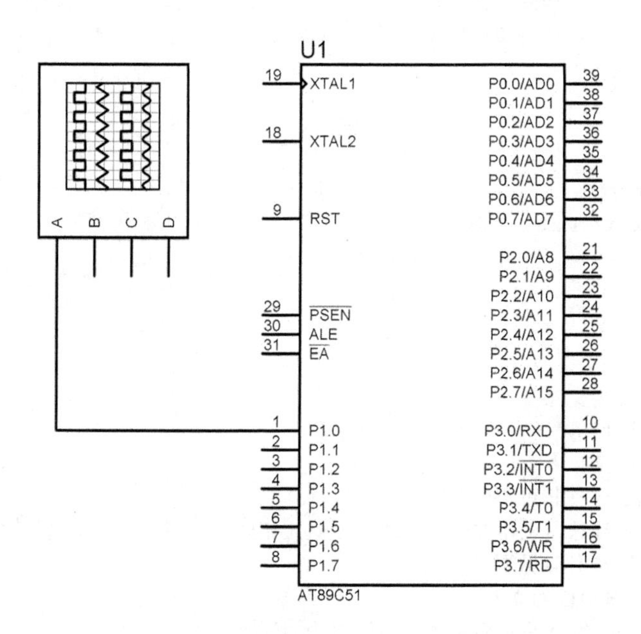

图 2-27　定时器实验系统仿真电路图

根据题目要求，计数器实验所需器件清单见表 2-16。在 Proteus 仿真软件中搭建的仿真电路如图 2-28 所示。

表 2-16　实验所需器件清单

序　号	元器件	Proteus 关键字	数　量
1	AT89C51 单片机	AT89C51	1
2	共阴极数码管	7SEG-MPX1-CC	1
3	按键	BUTTON	1

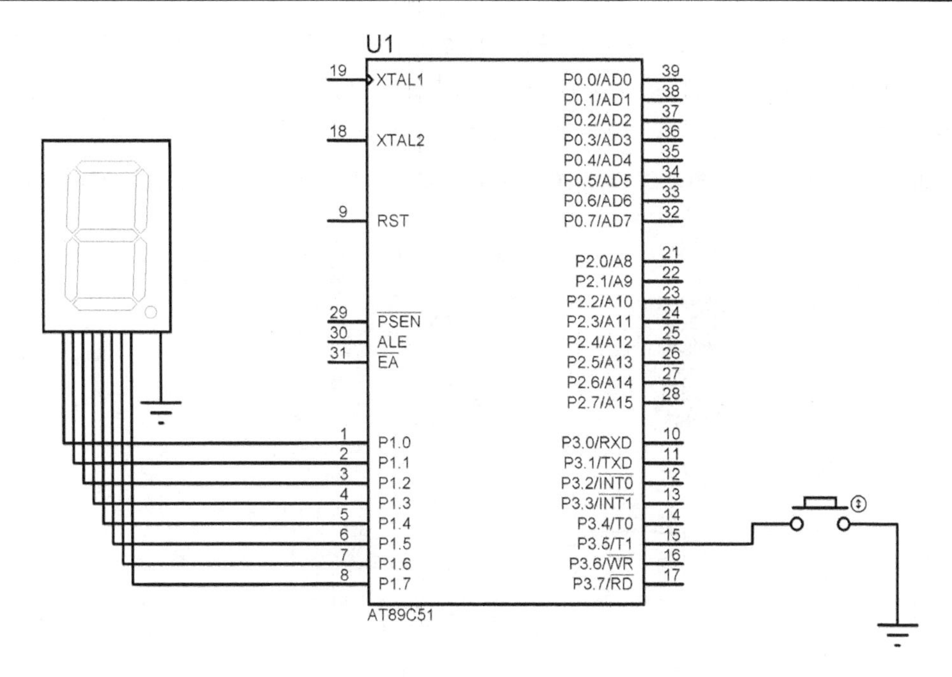

图 2-28　计数器实验系统仿真电路图

2.8.5　测试运行

对于定时器实验，双击单片机模型，加载在 Keil C 中生成的 HEX 文件。单击运行按钮，即可看到示波器的 A 通道显示出方波，如图 2-29 所示。

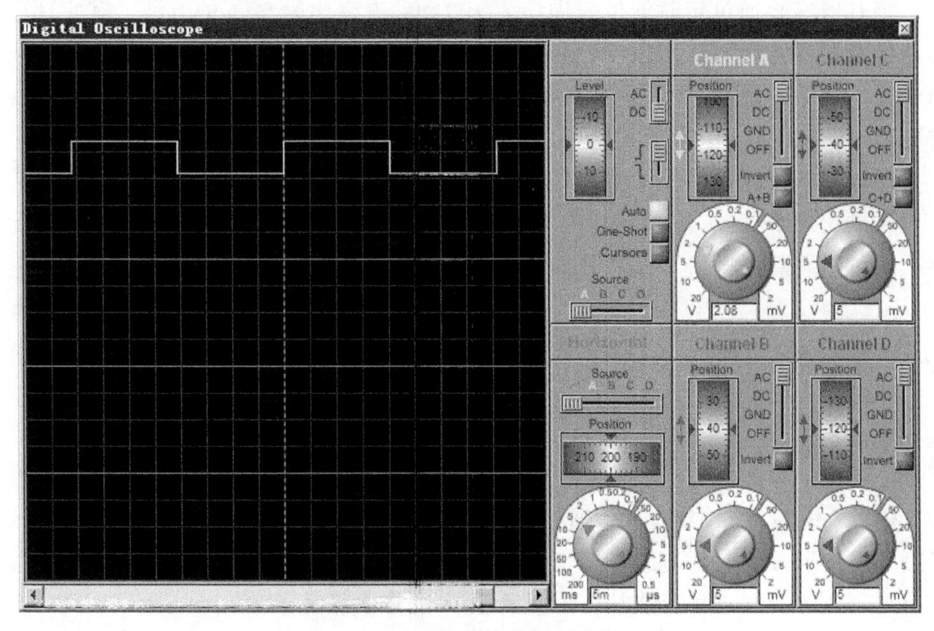

图 2-29　定时器实验测试结果图

对于计数器实验，双击单片机模型，加载在 Keil C 中生成的 HEX 文件。单击运行按钮，初始显示 0；当按第 3 次时，显示 3，直到按到第 16 次并显示 F 后，系统自动返回 0 值，并从 0 开始重复计数。测试结果如图 2－30 所示。

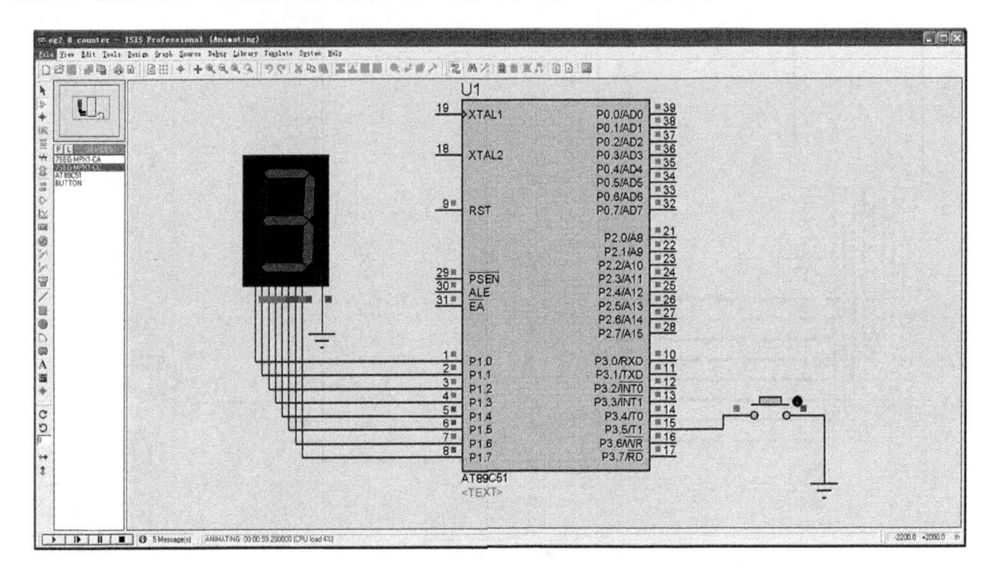

图 2－30 计数器实验测试结果图

2.8.6 实验小结

定时器实验通过定时器生成周期为 100 ms、占空比为 50％的方波。其实现原理是从计数初值开始，通过对精确的时钟频率的计数来达到定时的目的。这里计数溢出作为中断条件，通过中断来重新赋初值，继续执行计数。关于中断的概念在 2.9 节讲到，可在完成关于中断的实验后，返回来再深入理解。

计数器实验通过启动计数器，对按键进行计数并显示。

通过这两个实验，重点区别单片机定时器/计数器分别工作于定时器模式和计数器模式时的特点以及各工作方式的实现方法。

2.9 实验 8——单片机中断控制实验

2.9.1 任务及要求

任务：编写外部中断程序，通过按键响应中断，实现对按键次数的记录和显示。当第一次按下按键时数码管显示 1，再次按下时显示 2，……第 9 次按下时显示 9，第 10 次按下时显示 0，第 11 次按下时重新显示 1，依次循环下去。

要求：通过实验，掌握中断概念，中断的设置与使用方法；熟悉单片机中断控制程序设计。

2.9.2　预备知识

(1) 中断的概念

当 CPU 在执行程序时,由单片机内部或外部的原因引起的随机事件要求 CPU 暂时停止正在执行的程序,而转向执行一个用于处理该随机事件的程序,处理完后又返回被中止的程序断点处继续执行,这一过程就称为中断。中断可以提高 CPU 的工作效率,实现实时处理和处理故障。

(2) 中断的分类

向 CPU 发出中断请求的来源,或引起中断的原因称为中断源。中断源可分为两大类:一类是来自单片机内部的中断,称之为内部中断源;另一类是来自单片机外部的中断,称之为外部中断源。

(3) 单片机中断源

单片机中断源见表 2-17。表中,外部中断请求分别来自于 INT0 和 INT1,即 P3.2 和 P3.3 的输入;内部中断请求来自于定时器/计数器 0 和定时器/计数器 1 的溢出中断请求 TF0 和 TF1,以及串行中断请求 TI 和 RI。

表 2-17　单片机中断源

中断源	中断编号	中断源	中断编号
外部中断 0	0	定时器/计数器 1	3
定时器/计数器 0	1	串行口	4
外部中断 1	2		

(4) 单片机中断服务函数的一般定义形式

```
函数类型　函数名 (形式参数)[interrupt n] [using m]
```

其中,n 为中断编号;m 为工作寄存器组号。

(5) 单片机中断系统的控制

① 定时器/计数器控制寄存器 TCON。TCON 的中断请求标志格式为:

TCON	TF1	TR1	TF0	TR0	IE1	IT1	IE0	IT0
位地址	8FH	8EH	8DH	8CH	8BH	8AH	89H	88H

其中 6 位与中断有关:

IT0:外部中断 0 请求方式控制位。IT0=0 时,为电平触发方式,低电平有效;IT0=1 时,为边沿触发方式,由高到低的负跳变有效。

IE0:外部中断 0 请求标志位。标志为有效中断请求。

IT1:和 IT0 类同。

IE1:和 IE0 类同。

TF0:片内定时器/计数器 T0 溢出中断申请标志。

TF1：片内定时器/计数器 T1 溢出中断申请标志。

② 串行口控制寄存器 SCON。SCON 的中断请求标志格式为：

SCON	SM0	SM1	SM2	REN	TB8	RB8	TI	RI
位地址	9FH	9EH	9DH	9CH	9BH	9AH	99H	98H

其中末两位与中断有关。

TI：串行口的发送中断标志。

RI：串行口接收中断标志。

③ 中断允许控制寄存器 IE。

IE	EA	—	—	ES	ET1	EX1	ET0	EX0
位地址	AFH	AEH	ADH	ACH	ABH	AAH	A9H	A8H

EA：中断总允许控制位。

ES：串行中断允许控制位。

ET0：定时器/计数器 T0 的中断允许控制位。

ET1：定时器/计数器 T1 的中断允许控制位。

EX0：外部中断 0 的中断允许控制位。

EX1：外部中断 1 的中断允许控制位。

④ 中断优先级寄存器 IP。

IP	—	—	—	PS	PT1	PX1	PT0	PX0
位地址	BFH	BEH	BDH	BCH	BBH	BAH	B9H	B8H

PS、PT1、PX1、PT0、PX0 分别为串行口、定时器/计数器 T1、外部中断 1、定时器/计数器 T0、外部中断 0 的优先级设定位。相应位置 1，则编程为高优先级。

对于同一优先级，按照表 2-17 中断源从上到下依次递减优先级。

2.9.3　程序生成

实验程序：

```
1   #include<reg51.h>
2   #define uchar unsigned char
3   #define uint unsigned int
4
5   uchar code table[] = {0x3F,0x06,0x5b,0x4f,0x66,0x6d,0x7d,0x07,0x7f,0x6f};
6   uchar code seg[] = {0x07,0x0B,0x0D,0x0E};
7
8   uchar i = 0;
9
10  //延时函数
11  void delay(uint i)
```

```
12  {
13      uint j;
14      for(i; i > 0; i--)
15          for(j = 110; j > 0; j--);
16  }
17
18  //数码管显示函数
19  void display(uchar segNo, uchar num)
20  {
21      P2 = seg[segNo];
22      P1 = table[num];
23      delay(1);
24  }
25
26  //外部中断初始化函数
27  void init(void)
28  {
29      IT0 = 1;
30      EX0 = 1;
31      EA = 1;
32  }
33
34  //主函数
35  void main(void)
36  {
37      init();
38      while(1)
39      {
40          display(0,i);
41      }
42  }
43
44  //外部中断 0 中断服务子函数
45  void exInt0(void) interrupt 0
46  {
47      i++;
48      if (i > 9)
49          i = 0;
50  }
```

程序注释：

第 1 行：导入包含文件。

第 2～3 行：无符号数据的宏定义。

第 5 行：共阴极数码管“0～9”字符的编码。

第 6 行：数码管位选编码。

第 8 行：定义全局变量 i，用以存储按键按下次数。

第 11～16 行：延时函数。

第 19～24 行：数码管显示函数。其中，参数 segNo 为位选，segNo = 0 表示在个位上显示；参数 num 为显示的字符，0～9 显示字符“0～9”中的一位。

第 21 行：通过 P2 端口选择显示的位。
第 22 行：通过 P1 端口显示出数字。
第 23 行：延时 1 ms，给视觉一定的反应时间。
第 27～32 行：外部中断初始化函数。
第 29 行：设置外部中断 0 为边沿触发方式。
第 30 行：使能外部中断 0。
第 31 行：使能总中断。
第 35 行：主函数入口。
第 37 行：初始化外部中断 0 相关寄存器。
第 38 行：while 循环语句，1 表示始终为真，一直循环。
第 40 行：在数码管上显示变量 i。
第 41 行：while 循环结束。
第 42 行：main 函数结束。
第 45～50 行：外部中断 0 服务函数。其中 interrupt 0 表示外部中断 0 的优先级最高。
第 47 行：按键次数加 1。
第 48～49 行：限定变量 i 的取值。

2.9.4 仿真环境搭建

根据题目要求，实验所需器件清单见表 2 - 18。

表 2 - 18　实验所需器件清单

序　号	元器件	Proteus 关键字	数　量
1	AT89C51 单片机	AT89C51	1
2	4 位共阴极数码管	7SEG - MPX4 - CC	1
3	按键	BUTTON	1

在 Proteus 仿真软件中搭建的仿真电路如图 2 - 31 所示。

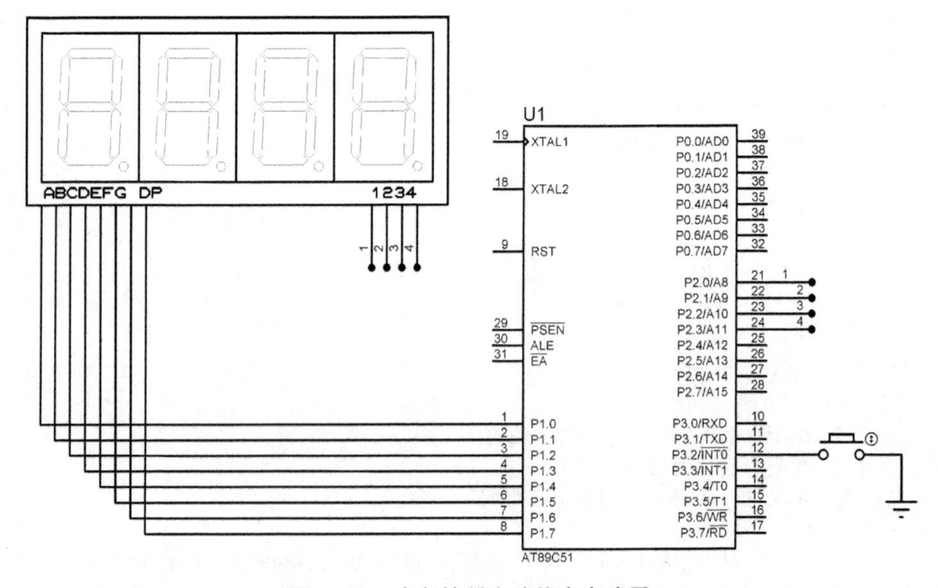

图 2 - 31　中断控制实验仿真电路图

2.9.5 测试运行

双击单片机模型,加载在 Keil C 中生成的 HEX 文件。单击运行按钮,即可看到显示初值 0。当第一次按下按键后,数码管显示 1,继续按键,数码管依次加 1 显示,直到第 10 次按下时数码管重新显示 0。

2.9.6 实验小结

本实验采用中断方式完成计数的任务。数值的累加与判断在中断程序中完成。本实验所实现的功能和上节的计数器实验功能相似。请仔细体会二者编程思想的区别。

2.10 实验 9——单片机与 PC 串行通信实验

2.10.1 任务及要求

任务:PC 通过串口调试助手发送一个 0~9 的数字给单片机,单片机将接收到的该数字显示到数码管上,并将该数字回传给串口调试助手。

要求:通过实验,掌握串行通信方式工作原理;熟悉单片机针对串行通信的编程思想与方法。

2.10.2 预备知识

串行通信是使用一条数据线,将数据一位一位地依次传输,每位数据占据一个固定的时间长度。使用串行通信,只需要少数几条线就能在系统间交换信息。

串行通信分同步串行通信和异步串行通信。其中,同步通信要求发送时钟和接收时钟保持严格的一致,对硬件配置提出了要求严格;异步通信中发送端和接收端的时钟源彼此独立,互不同步,通过字符帧格式和波特率的设置保证数据的可靠传输。在绝大多数情况下异步通信已经能满足数据完整交互的需求。

本实验采用 AT89C51 单片机与 PC 异步串行通信的方式。

AT89C51 单片机内部有一个可编程的全双工异步接收/发送器(Universal Asynchronous Receiver/Transmitter, UART),它通过 P3 口的 TXD 端(P3.1)发送数据,RXD 端(P3.0)接收数据。单片机内部有两个数据缓冲器 SBUF,共用一个地址 99H。AT89C51 通过 SCON 寄存器设置串行通信的工作模式。

SCON 寄存器的数据格式为:

D7	D6	D5	D4	D3	D2	D1	D0
SM0	SM1	SM2	REN	TB8	RB8	TI	RI

各位的定义为：

SM0，SM1：串行工作方式选择位。其意义见表2-19。

表2-19 串行工作方式选择位意义

SM0	SM1	工作方式	功能	波特率
0	0	方式0	同步移位寄存器收发方式。串行数据通过RXD输入/输出，TXD则用于输出移位时钟脉冲。发送数据位数为8位，低位在前	$f_{osc}/12$
0	1	方式1	10位异步收发方式。发送字符由1位起始位、8位数据位和1位停止位组成。起始位和停止位是发送时自动插入的	通过SMOD和定时器T1设置
1	0	方式2	11位异步收发方式	$2^{SMOD}\times(f_{osc}/64)$
1	1	方式3	11位异步收发方式	可通过SMOD和定时器T1设置

SM2：多机通信控制位。

REN：接收允许位。当REN=0时，禁止接收；当REN=1时，允许接收。

TB8：在方式2和方式3中为发送的第9位数据。

RB8：在方式2和方式3中为接收的第9位数据；在方式1中，如SM2=0，则是接收的停止位。

TI：发送中断标志。由硬件在方式0串行发送第8位结束时置位，或在其他方式串行发送停止位开始时置位，必须由软件清零。

RI：接收中断标志。由硬件在方式0串行发送第8位结束时置位，或在其他方式串行发送停止位开始时置位，必须由软件清零。

PCON：特殊功能寄存器。是为了在CHMOS型的80C51单片机上实现电源控制而附加的，其最高位SMOD是与串行口波特率设置有关的选择倍增位。SMOD=1，波特率提高一倍；系统复位时，SMOD=0。

2.10.3 程序生成

实验程序：

```
1  #include<reg51.h>
2  #define uchar unsigned char
3  #define uint unsigned int
4
5  uchar code table[] = {0x3F,0x06,0x5b,0x4f,0x66,0x6d,0x7d,0x07,0x7f,0x6f};
6  uchar code seg[] = {0x07,0x0B,0x0D,0x0E};
7
8  uchar i = 0;
9  uchar flag = 0;
```

```
10
11  // 延时函数
12  void delay(uint i)
13  {
14      uint j;
15      for(i; i > 0; i--)
16          for(j = 110; j > 0; j--);
17  }
18
19  // 数码管显示函数
20  void display(uchar segNo, uchar num)
21  {
22      P2 = seg[segNo];
23      P1 = table[num];
24      delay(1);
25  }
26
27  // 串口初始化函数
28  void initSerial(void)
29  {
30      TMOD = 0x22;
31      TH1 = 0xfd;
32      TL1 = 0xfd;
33      SCON = 0x50;
34      TR1 = 1;
35      ES = 1;
36      EA = 1;
37  }
38
39  // 发送字符函数
40  void sendChar(uchar c)
41  {
42      SBUF = c;
43      while(! TI);
44      TI = 0;
45  }
46
47  // 主函数
48  void main(void)
49  {
50      initSerial();
51      while(1)
52      {
53          if(flag == 1)
54          {
55              flag = 0;
56              sendChar(i);
```

```
57                 i - = 0x30;
58             }
59             display(0,i % 10);
60         }
61     }
62
63     // 外部中断 0 中断服务子函数
64     void serialISR(void) interrupt 4
65     {
66         EA = 0;
67         if(RI)
68         {
69             RI = 0;
70             i = SBUF;
71             flag = 1;
72         }
73         EA = 1;
74     }
```

程序注释：

第 1 行：导入包含文件。

第 2～3 行：无符号数据的宏定义。

第 5 行：共阴极数码管“0～9”等字符的编码。

第 6 行：数码管位选编码。

第 8 行：定义全局变量 i,用以存储接收的数据。

第 9 行：定义全局变量 flag,作为是否接收到数据的标志位,在中断服务子函数中置位,在 main 函数中清零。

第 12～17 行：延时子程序。

第 20～25 行：数码管显示函数。其中,参数 segNo 为位选,segNo = 0 表示在个位上显示;参数 num 为显示的字符,0～9 显示字符“0～9”中的一位。

第 22 行：通过 P2 端口选择显示的位。

第 23 行：通过 P1 端口显示出数字。

第 24 行：延时 1 ms,给视觉一定的反应时间。

第 28～37 行：串行通信相关寄存器初始化。

第 30 行：设置定时器 1 工作于方式 2(8 位自动重载)。

第 31、32 行：为定时器 1 赋初值,配合 11.059 2 MHz 的晶振,即设定波特率为 9 600 b/s。

第 33 行：设定串行口工作于 10 位异步收发方式(1 位起始位、8 位数据位和 1 位停止位)且允许接收。

第 34 行：启动定时器 1。

第 35 行：使能串行中断。

第 36 行：使能总中断。

第 40～45 行：向串口发送一个字符的子函数。参数 c 为要发送的数据。

第 42 行：将要发送的数据写入发送缓存 SBUF 中。

第 43 行：通过查询发送中断标志位 TI 以等待发送完毕。

第 44 行：发送字符完毕清零发送中断标志位。

第 48 行：主函数入口。

第 50 行：初始化串口及相关寄存器。

第 51 行 while 循环语句,1 表示始终为真,一直循环。

第 53～58 行：通过 flag 变量判断是否接收到数据。若接收到，则清零 flag 变量(第 50 行)，然后将接收到的字符发送给串口(第 51 行)。由于串行通信传送的是字符，第 52 行将 ASCII 字符转换成数字，以便于在数码管上显示。

第 55 行：在数码管上显示接收到的数字。

第 56 行：while 循环结束。

第 57 行：main 函数结束。

第 64～74 行：串行口中断服务函数。其中，interrupt 4 表示串行口中断为第 5 优先级，即 AT89C51 单片机的最低优先级。

第 66 行：关总中断，防止更高一级中断发生而打乱读取的数据。

第 67 行：判断接收缓存中是否有数据。若有，则清零接收中断标志位(第 69 行)，将接收到的数据保存到全局变量 i 中(第 70 行)，然后置位接收数据标志位 flag(第 71 行)。

第 73 行：在退出中断服务子函数前开总中断，让系统能继续响应中断。

第 74 行：中断服务函数结束。

2.10.4　仿真环境搭建

根据题目要求，实验器件清单见表 2-20。

表 2-20　实验器件清单

序　号	元器件	Proteus 关键字	数　量
1	AT89C51 单片机	AT89C51	1
2	4 位共阴极数码管	7SEG-MPX4-CC	1
3	虚拟串口元件	COMPIM	1

在 Proteus 仿真软件中搭建的仿真电路如图 2-32 所示。

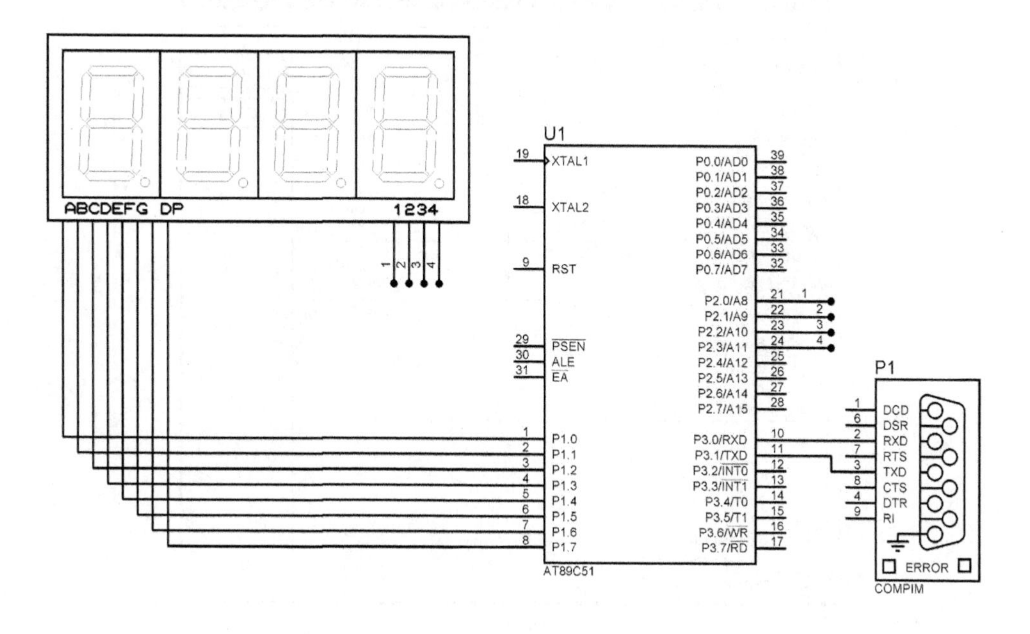

图 2-32　串行通信仿真电路图

2.10.5　测试运行

(1) 新建虚拟串口

打开 VSPD 软件,新建一对虚拟串口 COM1 和 COM2。本实验拟将 COM1 与单片机绑定,COM2 与 PC(用串口调试助手代替)绑定,进行单片机与 PC 的通信。

(2) 在 Keil 中将生成的程序与 COM1 绑定

在 Keil 集成开发环境的菜单栏单击 Debug→Start/Stop Debug Session,然后单击"确定"按钮进入 Debug 模式。在左下角的 command 窗口中输入"MODE COM1 9600,0,8,1[回车]"和"ASSIGN COM1 <SIN> SOUT [回车]"。然后退出 Debug 模式,重新编译链接,生成的 HEX 文件即与 COM1 绑定了。这两行指令的具体解释为:

MODE COM1 9600,0,8,1:分别设置 COM1 的波特率、奇偶校验位、数据位、停止位。

ASSIGN COM1 <SIN> SOUT:把单片机的串口和 COM1 绑定到一起。因为所用的单片机是 AT89C51,只有一个串口,所以用 SIN,SOUT。如果单片机有多个串口,可以选择 S0IN,S0OUT,S1IN,S1OUT。

(3) 在 Proteus 软件中绑定 COM1

双击 AT89C51 单片机模型,在弹出的对话框中选定晶振为 11.059 2 MHz,以配合 9 600 b/s 的波特率,若晶振设定不正确会出现乱码现象。然后双击 COMPIM 虚拟串口元件,在弹出的编辑对话框中选定端口,设置通信的波特率、数据位等参数,如图 2-33 所示。运行程序。

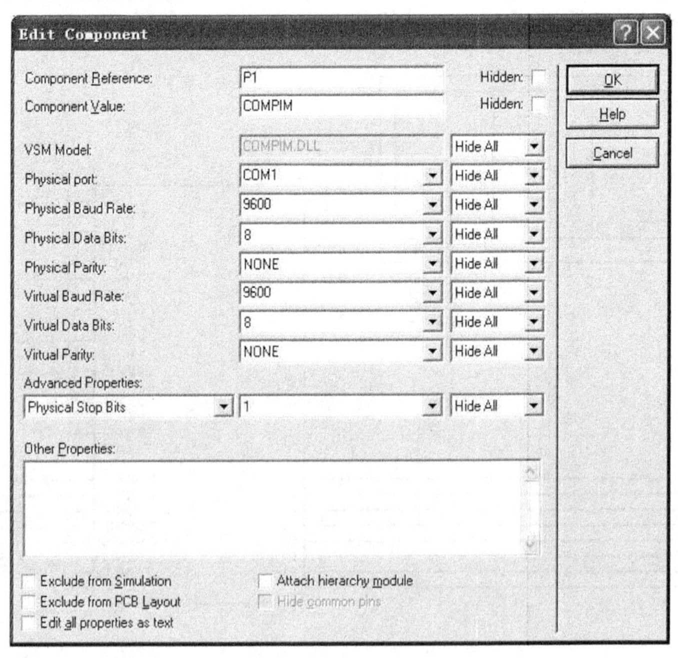

图 2-33　COMPIM 虚拟串口属性设置对话框

(4) 设置 PC 串口参数

PC 通过串口调试助手与 COM2 绑定，并将其通信参数设置成与 COM1 相同，然后在发送数据区内输入"1"，单击手动发送，可以看到接收区内收到数据"1"，如图 2-34 所示。相对应地可以看到 Proteus 中数码管显示数字"1"，表明通信成功。此时再观察 VSPD 软件右侧的发送与接收数据，如图 2-35 所示。

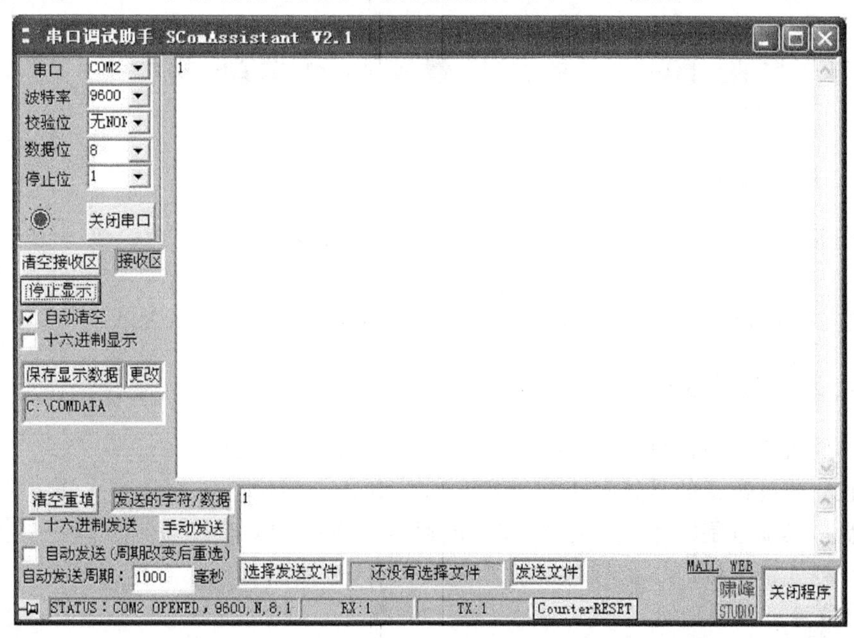

图 2-34　串口调试助手配置与操作窗口

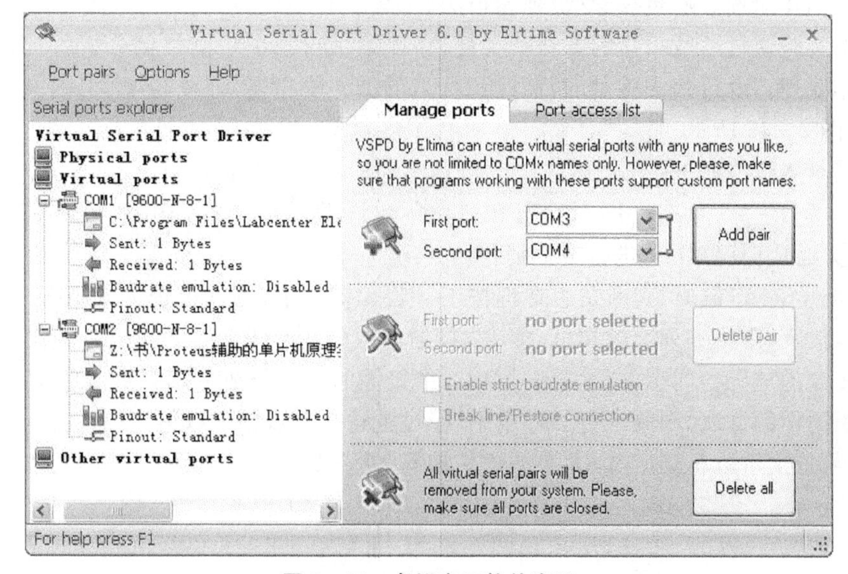

图 2-35　虚拟串口软件窗口

2.10.6　实验小结

本实验完成了单片机串行通信的实验。针对串口通信，需要在Keil环境下设置串口信息，同样需要在Proteus环境中设置串口信息。这里还用到了虚拟串口，相对比较烦琐，在实验过程中要认真仔细地做好各环节的工作。

2.11　实验10——单片机键盘接口实验

2.11.1　任务及要求

任务：以4×4行列式键盘为例，设计程序读取键值并在数码管上显示键值大小。

要求：通过实验，熟悉键盘工作原理；掌握单片机针对行列式键盘的编程方法。

2.11.2　预备知识

单片机系统中，常用的键盘有独立式键盘和行列式键盘。

独立式键盘指的是将每个按键按一对一方式直接连接到I/O输入线上所构成的键盘。其优点是键盘结构简单，按键识别容易；缺点是占用I/O口较多。

行列式键盘(以4×4行列式键盘为例)的构造如图2-36右侧部分所示，它将I/O口分为行线和列线，按键跨接在行线和列线上，并且列线通过上拉电阻与电源正极相连。相比于独立键盘，它占用较少的I/O口，但是算法相对复杂。常用的行列式键盘扫描原理有反转法和行/列扫描法。

本实验通过逐行扫描的方法获得键值，以第一行某个按键举例分析行列式键盘的工作原理。设行列式键盘的行线与P2口的低4位相连，列线与P2口的高4位相连，如图2-36所示。

其具体步骤如下：

① 令第一行为零电平，其余行和列为高电平，即给P2口赋值0xFE。

② 延时5～20 ms，进行按键消抖。

③ 读P2口的值，判断是否有键按下。若无键按下，则其值仍为0xFE。若第一个按键按下，则第一列会被拉低，即P2口的读取值为0xEE，也即0xEE为第一行第一列按键的键码。同理可得，第一行后3个按键的键码分别为0xDE，0xBE，0x7E。

用同样的方法，令第二行为零电平，经过上述3个步骤可以得到第二行4个按键的键码，依次可以得到所有16个按键的键码，见表2-21。

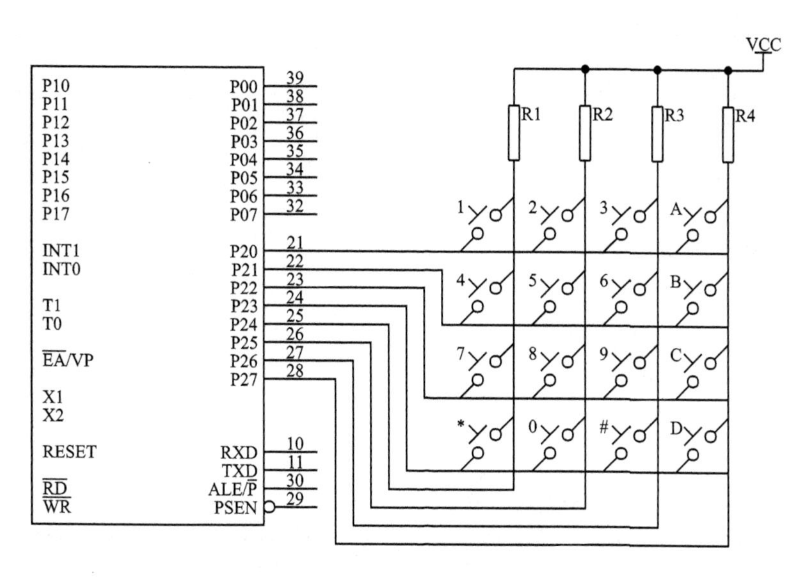

图 2－36　4×4 行列式键盘

表 2－21　4×4 行列式键盘行扫描法键码

键　码	第一列	第二列	第三列	第四列
第一行	0xEE	0xDE	0xBE	0x7E
第二行	0xED	0xDD	0xBD	0x7D
第三行	0xEB	0xDB	0xBB	0x7B
第四行	0xE7	0xD7	0xB7	0x77

2.11.3　程序生成

实验程序：

```
1   #include<reg51.h>
2   #define uchar unsigned char
3   #define uint unsigned int
4
5   uchar code table[] = {0x3F,0x06,0x5b,0x4f,0x66,0x6d,0x7d,0x07,0x7f,0x6f};
6   uchar code seg[] = {0x07,0x0B,0x0D,0x0E}; //位选编码
7
8   uchar code rowScan[] = {0xFE,0xFD,0xFB,0xF7}; //行扫描码
9   uchar code key16[] =
                {0xEE,0xDE,0xBE,0x7E,0xED,0xDD,0xBD,0x7D,0xEB,0xDB,0xBB,0x7B,0xE7,
0xD7,0xB7,0x77};
10   uchar code keyValue[] = "0123456789ABCDEF";
11
12   #define KEY P3
13
14   //延时函数
```

```
15  void delay(uint i)
16  {
17      uint j;
18      for(i; i > 0; i--)
19          for(j = 110; j > 0; j--);
20  }
21
22  //数码管显示函数
23  void display(uchar segNo, uchar num)
24  {
25      P2 = seg[segNo];
26      P1 = table[num];
27      delay(1);
28  }
29
30  //=============键盘扫描函数==============================
31  //返回值:有键按下时,获得的键盘值(1234567890ABCDEF);无键按下时,返回字符"Q"
32  //=====================================================
33  uchar keyScan(void)
34  {
35      uchar k = 0,flag = 0;
36      for(k = 0;k < 4; k++)
37      {
38          KEY = rowScan[k];
39          delay(10);
40          if(KEY != rowScan[k])
41          {
42              uchar i = 0;
43              for(i = 0; i < 16; i++)
44              {
45                  if(KEY == key16[i])
46                  {
47                      flag = 1;
48                      break;
49                  }
50              }
51              if(flag)
52                  return keyValue[i];
53          }
54      }
55      return 'Q';
56  }
57
58  //主函数
59  void main(void)
60  {
61      uchar value, lastValue;
```

```
62
63      while(1)
64      {
65          value = keyScan();
66          if ((value != lastValue) && (value != 'Q'))
67          {
68              lastValue = value;
69              if (lastValue <= '9')
70                  lastValue -= 0x30;
71              if (lastValue >= 'A')
72                  lastValue -= 0x37;
73          }
74
75          display(0,lastValue % 10);
76          display(1,lastValue/10);
77      }
78  }
```

程序注释：

第 1 行：导入包含文件。

第 2～3 行：无符号数据的宏定义。

第 5 行：共阴极数码管"0～9"的编码。

第 6 行：数码管位选编码。

第 8 行：4×4 行列式按键行扫描码。

第 9 行：4×4 行列式键盘逐行扫描的按键键码，分别代表了"1 2 3 4 5 6 7 8 9 0 A B C D E F"。

第 10 行：键码的字符形式。

第 12 行：宏定义，行列式键盘接到 AT89C51 单片机的 P3 口。

第 15～20 行：延时函数。

第 23～28 行：数码管显示函数。其中，参数 segNo 为位选，segNo = 0 表示在个位上显示，segNo = 1 表示在十位上显示；参数 num 为显示的字符，0～9 显示字符"0～9"中的一位。

第 25 行：通过 P2 端口选择显示的位。

第 26 行：通过 P1 端口显示数字。

第 27 行：延时 1 ms，给视觉一定的反应时间。

第 33～56 行：按键扫描子函数。该函数扫描键盘并返回键值的字符形式，若有键按下，则返回字符"Q"。

第 35 行：定义变量。

第 37 行 for 循环表示每次扫描一行，依次循环扫描 4 行。

第 38 行：给待扫描的行赋相应的行扫描码，置该行为低电平。

第 39 行：延时 10 ms 按键消抖。

第 40 行：判断是否有键按下。若无键按下，则进行下一轮扫描；否则，顺序往下执行。

第 43～53 行：将所读取的键码分别与第 10 行定义的 16 个键码比较，找出按下按键的键值。

第 52 行：如果经比较有键按下，就返回按键的字符形式"0～9"、"A～F"。

第 55 行：行列式键盘的 4 行扫描完成后，若未找到按键，则返回字符'Q'表示无键按下。

第 59 行：主函数入口。

第 61 行：声明变量，value 保持当前读取按键的键值，lastValue 缓存上次按下按键的键值。

第 63 行：一直循环。

第 65 行：扫描按键并赋值给变量 value。

第 66 行：如果和之前的值不同且返回的不是"Q"，进行更新。

第 68 行：将按下键的键值缓存到 lastValue 中。

第 69～72 行：将键值从 ASCII 字符形式转换成数字形式。

第 75～76 行：将缓存的键值显示到数码管上，其中字符“A”显示成数字 11，“F”显示成数字 15。

第 77 行：while 循环结束。

第 78 行：main 函数结束。

2.11.4　仿真环境搭建

在 Proteus 中并没有 4×4 行列式键盘的元器件，可以通过 16 个小按钮自制。但是 Proteus 器件库中有一个小型计算器键盘，其硬件构造与行列式键盘相同。本实验用该计算器键盘代替行列式键盘。

根据题目要求，实验所需的器件清单见表 2-22。

表 2-22　实验所需器件清单

序　号	元器件	Proteus 关键字	数　量
1	AT89C51 单片机	AT89C51	1
2	4 位共阴极数码管	7SEG-MPX4-CC	1
3	小型计算器键盘	KEYPAD-SMALLCALC	1

在 Proteus 仿真软件中搭建的仿真电路如图 2-37 所示。

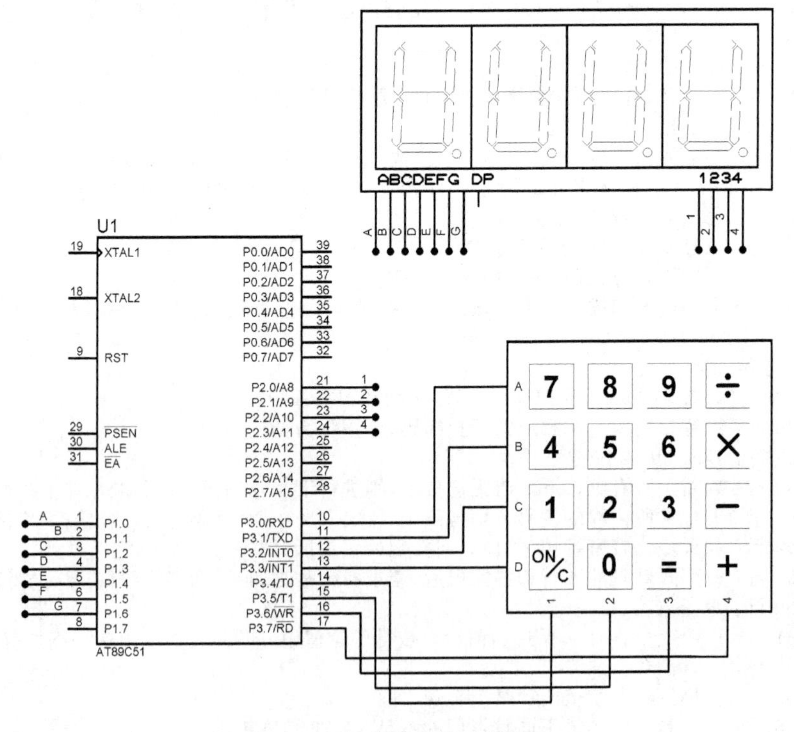

图 2-37　键盘实验仿真电路图

2.11.5 测试运行

双击单片机模型，加载在 Keil C 中生成的 HEX 文件。单击运行按钮。然后单击键盘可以观察到数码管上显示了对应的键值。依次单击第一行第一列按键，第一行第二列按键，……第四行第三列按键、第四行第四列按键，可以看到数码管上显示出 1～9，0，10～15。

2.11.6 实验小结

行列式键盘虽然结构相对复杂，但只占用了较少的 I/O 口资源，在控制系统中有广泛的用途。本实验除了用行/列扫描法，还可以用反转法，具体可参考相关文献。

2.12 实验 11——点阵图形液晶显示实验

2.12.1 任务及要求

任务：编写程序，控制 LCD12864 点阵图形液晶，要求其显示王昌龄的诗词《出塞》："秦时明月汉时关，万里长征人未还。但使龙城飞将在，不教胡马度阴山。"

要求：通过实验，熟悉点阵图形液晶显示的原理；掌握单片机对点阵图形液晶显示的编程操作方法。

2.12.2 预备知识

点阵图形液晶模块是一种用于显示各类图像、符号和汉字的显示模块。显示屏的点阵像素连续排列。行和列在排布中没有间隔，所以可以显示连续完整的图形。

128×64 点阵图形液晶显示器是常用的一种点阵液晶显示模块。这里的 128×64 表示横向有 128 点，纵向有 64 点。假设显示汉字的分辨率为 16×16 像素，则可以显示每行 8 个、共 4 行汉字，即 32 个汉字。

(1) 图形液晶引脚

本实验选取型号为 LGM12641BS1R 的图形液晶显示模块。它是 128×64 点阵型 LCD。所选用图形液晶显示器封装如图 2-38 所示，引脚说明见表 2-23。

表 2-23　LGM12641BS1R 图形液晶显示模块引脚说明

管　脚	功　能
1 (CS1)	左半屏幕(前 64 列)片选
2 (CS2)	右半屏幕(后 64 列)片选
3 (GND)	电源地
4 (V_{CC})	电源正极(+5 V)

续表 2-23

管 脚	功 能
5 (V0)	LCD屏操作电压,改变其值可调节屏显对比度
6 (DI/RS)	寄存器选择位。高电平时选择数据寄存器,低电平时选择指令寄存器
7(RW)	读写信号线。高电平时读操作,低电平时写操作
8(E)	使能端
9~16 (D0~D7)	8位双向数据线
17(/RST)	复位端,低电平有效
18($-V_{out}$)	LCD驱动负电压

(2) 图形液晶操作步骤

由表2-23可知,LGM12641BS1R的左半屏幕和右半屏幕是相对独立的,通过片选信号CS1和CS2区分。设每8行表示一页,则一个汉字需要占用两页的屏幕。在汉字的显示过程中,需要先通过指令方式写入汉字所要显示的页地址和列地址,然后写入该字的16×16点阵编码。LGM12641BS1R可与微控制器直接接口,它提供8位并行和串行两种通信方式。本实验采用8位并行的方式与单片机通信。其写数据或指令按如下步骤进行:

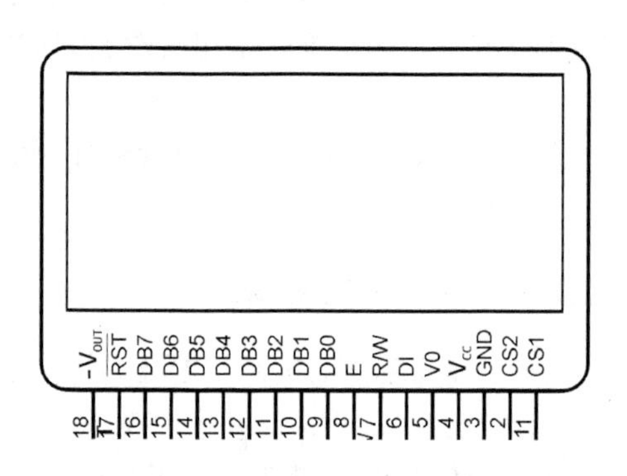

图2-38 实验所选图形液晶显示器封装图

① 选择显示的屏幕,CS1=1且CS2=0表示显示在左半屏幕,CS2=1且CS1=0表示显示在右半屏幕。

② 令RW=0,表示进行写操作。

③ 给DI(RS)引脚赋值。若DI=1传送数据,DI=0则传送指令。

④ 将8位数据或指令放到D0~D7的8位双向数据线上。

⑤ 使能E端,令E=1。

⑥ 延时2 ms以上,给数据一定的建立时间(数据建立的最小时间为1 500 ns)。

⑦ 禁止E,令E=0,在E的下降沿数据即传送到液晶显示模块的缓存中。

(3) 图形液晶显示设置操作指令

① 行设置指令:

RW	RS	DB7	DB6	DB5	DB4	DB3	DB2	DB1	DB0
0	0	1	1	X	X	X	X	X	X

由行设置指令可知,显示的起始地址为0XC0,共64行。

② 页设置指令:

RW	RS	DB7	DB6	DB5	DB4	DB3	DB2	DB1	DB0
0	0	1	0	1	1	1	X	X	X

由页设置指令可知，起始页地址为 0XB8，分 8 页，每页 8 行点。

③ 列设置指令：

RW	RS	DB7	DB6	DB5	DB4	DB3	DB2	DB1	DB0
0	0	0	1	X	X	X	X	X	X

由列设置指令可知，左半屏幕和右半屏幕的起始列地址均为 0X40，共有 64 列。液晶共有 128 列点。

本实验主要用到页设置指令和列设置指令。其他指令在进行相关实验时查阅。

(4) 字模的提取

这里使用的软件为《畔畔字模提取软件》。

由于点阵与控制器的接线顺序决定了字模的编码(详见第 3 章 LED 实验)，因此字模软件一般都提供了不同接线顺序的取模顺序。考虑到取模顺序的可能性有限，工程应用中不必详查液晶屏的内部连接图来决定取模顺序。一个比较实际的方法是与微控制器连接好电路，逐个顺序尝试。没有乱码的即为本电路的取模顺序。此外，为保证从不同角度看到正常顺序的汉字，取模软件还设置了“左旋 90 度”和“右旋 90 度”供选择。在本实验的取模软件中设置取模顺序为 CADB，Shape 为圆形，显示黑底黄色汉字，不加粗，模式(Mode)选择 C51，然后“右旋 90 度”保证液晶屏横放时显示正体汉字，最后单击“提取字模”按钮，得到汉字“秦”的编码，如图 2－39 所示。其他字模的提取依此进行。

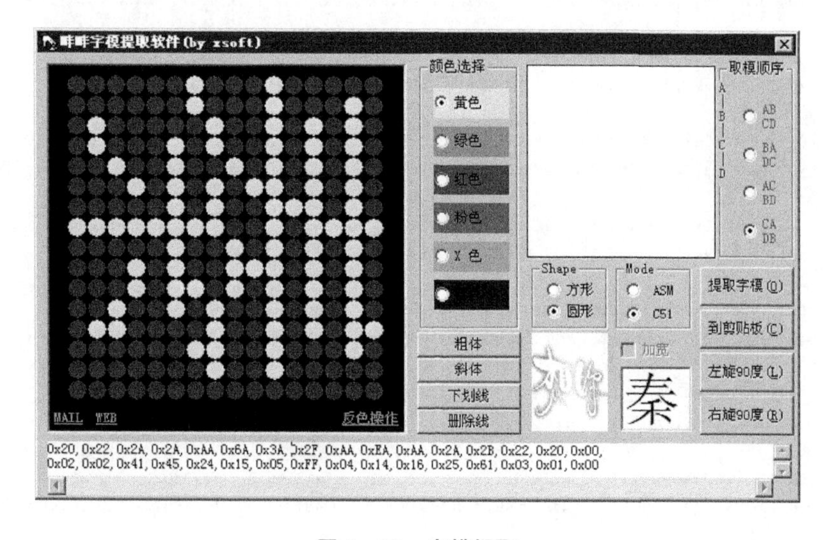

图 2－39　字模提取

2.12.3 程序生成

实验程序：

```
1  #include<reg51.h>
2  #define uint unsigned int
3  #define uchar unsigned char
4
5  #define LcdBus      P2
6  #define columnBase 0x40/*列基址：列地址是横向的,从0~127,共128列 */
7  #define pageBase   0xB8/*页基址：页是纵向的,每个汉字分两页,每页16行8列点*/
8
9  sbit CS1 = P3^3;
10  sbit CS2 = P3^4;
11  sbit EP = P3^0;
12  sbit RS = P3^2;
13  sbit RW = P3^1;
14  sbit RST = P3^5;
15
16  //字模,此字体下对应的点阵为：宽×高=16×16
17  unsigned char code ChuSai[][32] = {
18  {0x20,0x22,0x2A,0x2A,0xAA,0x6A,0x3A,0x2F,0xAA,0xEA,0xAA,0x2A,0x2B,0x22,0x20,0x00,
19  0x02,0x02,0x41,0x45,0x24,0x15,0x05,0xFF,0x04,0x14,0x16,0x25,0x61,0x03,0x01,0x00},/*"秦"*/
20
21  {0x00,0xFC,0x84,0x84,0x84,0xFE,0x14,0x10,0x90,0x10,0x10,0x10,0xFF,0x10,0x10,0x00,
22  0x00,0x3F,0x10,0x10,0x10,0x3F,0x00,0x00,0x00,0x23,0x40,0x80,0x7F,0x00,0x00,0x00},/*"时"*/
23
24  {0x00,0xFC,0x44,0x44,0x44,0xFE,0x04,0x00,0xFE,0x22,0x22,0x22,0x22,0xFF,0x02,0x00,
25  0x00,0x0F,0x04,0x04,0x04,0x8F,0x40,0x30,0x0F,0x02,0x02,0x42,0x82,0x7F,0x00,0x00},/*"明"*/
26
27  {0x00,0x00,0x00,0x00,0xFE,0x22,0x22,0x22,0x22,0x22,0x22,0xFF,0x02,0x00,0x00,0x00,
28  0x00,0x80,0x40,0x30,0x0F,0x02,0x02,0x02,0x02,0x42,0x82,0x7F,0x00,0x00,0x00,0x00},/*"月"*/
29
30  {0x10,0x22,0x64,0x0C,0x80,0x04,0x74,0x84,0x04,0x04,0x04,0xC4,0x3E,0x04,0x00,0x00,
31  0x04,0x04,0x7E,0x01,0x80,0x40,0x20,0x11,0x0A,0x04,0x0B,0x10,0x60,0xC0,0x40,0x00},/*"汉"*/
32
33  {0x00,0xFC,0x84,0x84,0x84,0xFE,0x14,0x10,0x90,0x10,0x10,0x10,0xFF,0x10,0x10,0x00,
34  0x00,0x3F,0x10,0x10,0x10,0x3F,0x00,0x00,0x00,0x23,0x40,0x80,0x7F,0x00,0x00,0x00},/*"时"*/
35
36  {0x00,0x10,0x10,0x11,0x12,0x1C,0x10,0xF0,0x10,0x18,0x14,0x13,0x1A,0x90,0x00,0x00,
37  0x81,0x81,0x41,0x41,0x21,0x11,0x0D,0x03,0x0D,0x11,0x21,0x21,0x41,0xC1,0x41,0x00},/*"关"*/
38
39  {0x00,0x00,0x00,0x00,0x00,0x00,0x00,0x00,0x00,0x00,0x00,0x00,0x00,0x00,0x00,0x00,
40  0x00,0x00,0x00,0x46,0x2F,0x1F,0x06,0x00,0x00,0x00,0x00,0x00,0x00,0x00,0x00,0x00},/*","*/
41
42  {0x04,0x04,0x04,0x04,0x04,0x04,0xFC,0x44,0x44,0x44,0x44,0xE4,0x44,0x06,0x04,0x00,
43  0x00,0x80,0x40,0x20,0x10,0x0E,0x01,0x00,0x40,0x80,0x40,0x3F,0x00,0x00,0x00,0x00},/*"万"*/
44
45  {0x00,0x00,0xFE,0x12,0x12,0x12,0x12,0xFE,0x12,0x12,0x12,0x12,0xFF,0x02,0x00,0x00,
46  0x40,0x48,0x49,0x49,0x49,0x49,0x49,0x7F,0x49,0x49,0x49,0x49,0x4D,0x68,0x40,0x00},/*"里"*/
47
48  {0x80,0x80,0x80,0x80,0xFF,0x80,0x80,0xA0,0x90,0x88,0x84,0x86,0x80,0xC0,0x80,0x00,
49  0x00,0x00,0x00,0x00,0xFF,0x40,0x40,0x23,0x04,0x08,0x10,0x20,0x60,0x20,0x00,0x00},/*"长"*/
```

```
50
51  {0x40,0x20,0x10,0x8C,0x63,0x00,0x82,0x02,0x02,0xFE,0x82,0x82,0xC3,0x82,0x00,0x00,
52  0x04,0x02,0x01,0xFF,0x40,0x40,0x7F,0x40,0x40,0x7F,0x40,0x40,0x40,0x60,0x40,0x00},/*"征"*/
53
54  {0x00,0x00,0x00,0x00,0x00,0x00,0x80,0x7F,0x80,0x00,0x00,0x00,0x00,0x00,0x00,0x00,
55  0x00,0x80,0x40,0x20,0x10,0x0C,0x03,0x00,0x03,0x0C,0x10,0x20,0x40,0xC0,0x40,0x00},/*"人"*/
56
57  {0x80,0x88,0x88,0x88,0x88,0x88,0x88,0xFF,0x88,0x88,0x88,0x88,0x8C,0xC8,0x80,0x00,
58  0x00,0x20,0x10,0x08,0x04,0x02,0x01,0xFF,0x01,0x02,0x04,0x08,0x10,0x30,0x10,0x00},/*"未"*/
59
60  {0x20,0x22,0xEC,0x00,0x04,0x04,0x04,0x84,0xE4,0x1C,0x84,0x04,0x04,0x06,0x04,0x00,
61  0x40,0x20,0x1F,0x20,0x44,0x42,0x41,0x40,0x5F,0x40,0x40,0x41,0x43,0x66,0x20,0x00},/*"还"*/
62
63  {0x00,0x00,0x00,0x00,0x00,0x00,0x00,0x00,0x00,0x00,0x00,0x00,0x00,0x00,0x00,0x00,
64  0x00,0x38,0x7C,0x44,0x44,0x7C,0x38,0x00,0x00,0x00,0x00,0x00,0x00,0x00,0x00,0x00},/*"。"*/
65
66  {0x40,0x20,0xF8,0x07,0x00,0xFC,0x44,0x44,0x44,0x44,0x44,0x44,0xFE,0x04,0x00,0x00,
67  0x00,0x00,0xFF,0x20,0x20,0x27,0x24,0x24,0x24,0x24,0x24,0x24,0x27,0x30,0x20,0x00},/*"但"*/
68
69  {0x40,0x20,0xF8,0x07,0x04,0xF4,0x14,0x14,0x14,0xFF,0x14,0x14,0x14,0xF6,0x04,0x00,
70  0x00,0x00,0xFF,0x00,0x80,0x43,0x45,0x29,0x19,0x17,0x21,0x21,0x41,0xC3,0x40,0x00},/*"使"*/
71
72  {0x10,0x10,0x10,0x10,0x10,0x90,0x7F,0x10,0xF0,0x12,0x14,0x10,0xD0,0x18,0x10,0x00,
73  0x00,0x80,0x40,0x30,0x0C,0x23,0x20,0x10,0x3F,0x44,0x42,0x41,0x40,0x40,0x78,0x00},/*"龙"*/
74
75  {0x10,0x10,0xFF,0x10,0x10,0xF8,0x88,0x88,0x88,0x08,0xFF,0x08,0x0A,0xCC,0x08,0x00,
76  0x08,0x18,0x0F,0x84,0x44,0x3F,0x08,0x10,0x4F,0x20,0x13,0x1C,0x63,0x80,0xE0,0x00},/*"城"*/
77
78  {0x02,0x02,0x02,0x02,0x02,0x02,0x02,0x02,0x02,0x02,0xFF,0xA2,0x10,0x18,0x00,0x00,
79  0x00,0x00,0x00,0x00,0x00,0x00,0x00,0x00,0x00,0x00,0x0F,0x30,0x41,0x83,0x60,0x00},/*"飞"*/
80
81  {0x08,0x10,0x30,0xFF,0x00,0x20,0x10,0x1C,0xA7,0x44,0x24,0x94,0x0C,0x80,0x00,0x00,
82  0x08,0x0C,0x02,0xFF,0x01,0x01,0x05,0x09,0x19,0x41,0x81,0x7F,0x01,0x01,0x01,0x00},/*"将"*/
83
84  {0x08,0x08,0x08,0x08,0xC8,0x38,0x0F,0x08,0x08,0xE8,0x08,0x88,0x08,0x0C,0x08,0x00,
85  0x08,0x04,0x02,0xFF,0x00,0x40,0x41,0x41,0x41,0x7F,0x41,0x41,0x41,0x60,0x40,0x00},/*"在"*/
86
87  {0x00,0x00,0x00,0x00,0x00,0x00,0x00,0x00,0x00,0x00,0x00,0x00,0x00,0x00,0x00,0x00,
88  0x00,0x00,0x00,0x46,0x2F,0x1F,0x06,0x00,0x00,0x00,0x00,0x00,0x00,0x00,0x00,0x00},/*","*/
89
90  {0x02,0x02,0x02,0x02,0x02,0x82,0x42,0xF2,0x0E,0x42,0x82,0x02,0x02,0x03,0x02,0x00,
91  0x00,0x08,0x04,0x02,0x01,0x00,0x00,0xFF,0x00,0x00,0x00,0x01,0x03,0x06,0x00,0x00},/*"不"*/
92
93  {0x20,0x24,0x24,0xA4,0xFF,0xA4,0xB4,0xAC,0x20,0x9F,0x10,0x10,0xF0,0x18,0x10,0x00,
94  0x02,0x12,0x51,0x90,0x7E,0x0A,0x89,0x40,0x20,0x1B,0x04,0x1B,0x60,0xC0,0x40,0x00},/*"教"*/
95
96  {0x10,0x10,0x10,0x10,0xFF,0x10,0x90,0x18,0x10,0xFE,0x22,0x22,0x22,0xFF,0x02,0x00,
97  0x00,0x00,0x7F,0x21,0x21,0x21,0x7F,0x81,0x40,0x3F,0x02,0x42,0x82,0x7F,0x00,0x00},/*"胡"*/
98
99  {0x00,0x00,0x02,0x02,0xFA,0x02,0x02,0x02,0x02,0x02,0xFF,0x02,0x00,0x80,0x00,0x00,
100  0x08,0x08,0x08,0x08,0x09,0x09,0x09,0x09,0x09,0x09,0x4D,0x89,0x41,0x3F,0x01,0x00},/*"马"*/
101
102  {0x00,0x00,0xFC,0x24,0x24,0x24,0xFC,0xA5,0xA6,0xA4,0xFC,0x24,0x34,0x26,0x04,0x00,
```

```
103 0x40,0x20,0x9F,0x80,0x42,0x42,0x26,0x2A,0x12,0x2A,0x26,0x42,0x40,0xC0,0x40,0x00},/*"度"*/
104
105 {0x00,0xFE,0x02,0x22,0xDA,0x06,0x00,0x00,0xFE,0x22,0x22,0x22,0x22,0xFF,0x02,0x00,
106 0x00,0xFF,0x08,0x10,0x08,0x87,0x40,0x30,0x0F,0x02,0x02,0x42,0x82,0x7F,0x00,0x00},/*"阴"*/
107
108 {0x00,0xF0,0x00,0x00,0x00,0x00,0x00,0xFF,0x00,0x00,0x00,0x00,0x00,0xF0,0x00,0x00,
109 0x00,0x7F,0x20,0x20,0x20,0x20,0x20,0x3F,0x20,0x20,0x20,0x20,0x20,0x7F,0x00,0x00},/*"山"*/
110
111 {0x00,0x00,0x00,0x00,0x00,0x00,0x00,0x00,0x00,0x00,0x00,0x00,0x00,0x00,0x00,0x00,
112 0x00,0x38,0x7C,0x44,0x44,0x7C,0x38,0x00,0x00,0x00,0x00,0x00,0x00,0x00,0x00,0x00},/*"。"*/
113
114 };
115
116 //延时函数
117 void delay(uint i)
118 {
119     uint j;
120     for(i; i > 0; i--)
121         for(j = 121; j > 0; j--);
122 }
123
124 // ============写指令函数============================
125 // cmd为待写入的指令
126 // HorL为1表示开启左半屏幕,HorL为0表示开启右半屏幕
127 // ================================================
128 void writeCmd(uchar cmd, uchar HorL)
129 {
130     if (HorL == 1)
131     {
132         CS1 = 1; //开左半屏幕
133         CS2 = 0;
134     }
135     else
136     {
137         CS1 = 0;
138         CS2 = 1; //开右半屏幕
139     }
140
141     RS = 0;        //指令状态
142     RW = 0;           //写允许
143     LcdBus = cmd;
144     EP = 1;        //开使能
145     delay(2);
146     EP = 0;        //使能拉低,写进去的指令有效
147 }
148
149 // ============写数据函数============================
150 // dat为待写入的数据
151 // HorL为1表示开启左半屏幕,HorL为0表示开启右半屏幕
152 // ================================================
153 void writeData(uchar dat, uchar HorL)
154 {
155     if (HorL == 1)
```

```
156        {
157            CS1 = 1; //开左半屏幕
158            CS2 = 0;
159        }
160        else
161        {
162            CS1 = 0;
163            CS2 = 1; //开右半屏幕
164        }
165
166        RS = 1;        //数据状态
167        RW = 0;          //写允许
168        LcdBus = dat;
169        EP = 1;        //开使能
170        delay(2);
171        EP = 0;        //使能拉低,写进去的数据有效
172    }
173
174    //=================写汉字函数===========================
175    //page 指汉字所属的页位置,column 为汉字显示的列位置
176    //n 指 ChuSai[n][32]中的第 n 个元素,16 * i + j 指第 n 个元素的 16×16 点阵编码
177    // HorL 为 1 表示开启左半屏幕,HorL 为 0 表示开启右半屏幕
178    //========================================
179    void writeChinese(uchar page,uchar column,uchar HorL, uchar n)
180    {
181        uchar i = 0;
182        uchar j = 0;
183
184        for(i = 0; i < 2; i++ )  //此处 i 指汉字的页。因一个汉字分上下两页显示
185        {
186            writeCmd(pageBase + page + i, HorL);
187            writeCmd(columnBase + column, HorL);
188            for(j = 0; j < 16; j++ )
189                writeData(ChuSai[n][16 * i + j], HorL);
190        }
191    }
192
193    //液晶屏初始化函数
194    void LcdInit()
195    {
196        RST = 0;
197        delay(10);
198        RST = 1;
199    }
200
201    //液晶屏显示函数
202    void display(void)
203    {
204        writeChinese(0,0,1,0); //秦
205        writeChinese(0,16,1,1);//时
206        writeChinese(0,32,1,2);//明
207        writeChinese(0,48,1,3);//月
208        writeChinese(0,0,0,4); //汉
```

```
209        writeChinese(0,16,0,5);//时
210        writeChinese(0,32,0,6);//关
211        writeChinese(0,48,0,7);//，
212
213        writeChinese(2,0,1,8); //万
214        writeChinese(2,16,1,9);//里
215        writeChinese(2,32,1,10);//长
216        writeChinese(2,48,1,11);//征
217        writeChinese(2,0,0,12); //人
218        writeChinese(2,16,0,13);//未
219        writeChinese(2,32,0,14);//还
220        writeChinese(2,48,0,15);//。
221
222        writeChinese(4,0,1,16); //但
223        writeChinese(4,16,1,17);//使
224        writeChinese(4,32,1,18);//龙
225        writeChinese(4,48,1,19);//城
226        writeChinese(4,0,0,20); //飞
227        writeChinese(4,16,0,21);//将
228        writeChinese(4,32,0,22);//在
229        writeChinese(4,48,0,23);//，
230
231        writeChinese(6,0,1,24); //不
232        writeChinese(6,16,1,25);//教
233        writeChinese(6,32,1,26);//胡
234        writeChinese(6,48,1,27);//马
235        writeChinese(6,0,0,28); //度
236        writeChinese(6,16,0,29);//阴
237        writeChinese(6,32,0,30);//山
238        writeChinese(6,48,0,31);//。
239    }
240
241    //主函数
242    void main(void)
243    {
244        LcdInit();
245        while(1)
246            display();
247    }
```

程序注释：

第 1 行：导入包含文件。
第 2～3 行：无符号数据的宏定义。
第 5 行：宏定义，128×64 图形液晶的数据总线接到 AT89C51 单片机的 P2 口上。
第 6 行：宏定义，列基址定义。
第 7 行：宏定义，页基址定义。
第 9 行：CS1 的位定义。
第 10 行：L CS2 的位定义。
第 11 行：使能端 EP 的位定义。
第 12 行：RS 的位定义。
第 13 行：RW 的位定义。

第 14 行：复位端的位定义。

第 17～114 行：二维数组。用于储存王昌龄的诗词《出塞》各汉字的 16×16 点阵形式编码。

第 117～122 行：延时函数。

第 128～147 行：向液晶屏写一个字节指令函数。其参数 cmd 为要写入的指令，参数 HorL 为确定显示的屏幕，HorL 为 1 时显示在左半屏幕，HorL 为 0 时显示在右半屏幕。其中：

第 130～139 行：选择屏幕。第 132 行开启左半屏幕；第 138 行开启右半屏幕。

第 141 行：置为写指令状态。

第 142 行：写允许。

第 143 行：写入指令。

第 144 行：开使能。

第 145 行：延时。

第 146 行：关使能，写入的指令生效。

第 153～172 行：向液晶屏写一个字节的数据函数。

第 155～164 行：选择屏幕。第 157 行开左半屏幕；第 163 行开右半屏幕。

第 166 行：置为写数据状态。

第 167 行：写允许。

第 168 行：写入数据。

第 169 行：开使能。

第 170 行：延时。

第 171 行：关使能，写入的数据生效。

第 179～191 行：向液晶屏写汉字函数。其中，page 指汉字所属的页位置，column 为汉字显示的列位置，而 n 指 ChuSai[][32]中的第 n 个要显示的汉字。一个汉字需占用两页的屏幕显示，本实验通过第 173 行的 for 语句分两次循环显示，第 175 行和第 176 行分别写入汉字显示的页和列，第 177 行和第 178 行写入要显示的汉字编码。

第 181～182 行：定义循环变量。

第 184 行：循环两次，写入完整的汉字。

第 186～187 行：进行起始行列的设定。

第 188～189 行：循环读取汉字并写入液晶屏。

第 194～199 行：液晶屏初始化函数。通过一次软复位消除干扰。

第 202～239 行：显示《出塞》函数。调用写汉字函数逐字显示完整的诗词。

第 242 行：主函数入口。

第 244 行：初始化液晶屏。

第 245 行：while 循环语句，1 表示始终为真，一直循环。

第 246 行：调用显示《出塞》子函数。

第 247 行：main 函数结束。

2.12.4 仿真环境搭建

根据题目要求，实验所需的器件清单见表 2-24。

表 2-24　实验所需器件清单

序　号	元器件	Proteus 关键字	数　量
1	AT89C51 单片机	AT89C51	1
2	128×64 图形液晶显示器	LGM12641BS1R	1

在 Proteus 仿真软件中搭建的仿真电路如图 2-40 所示。

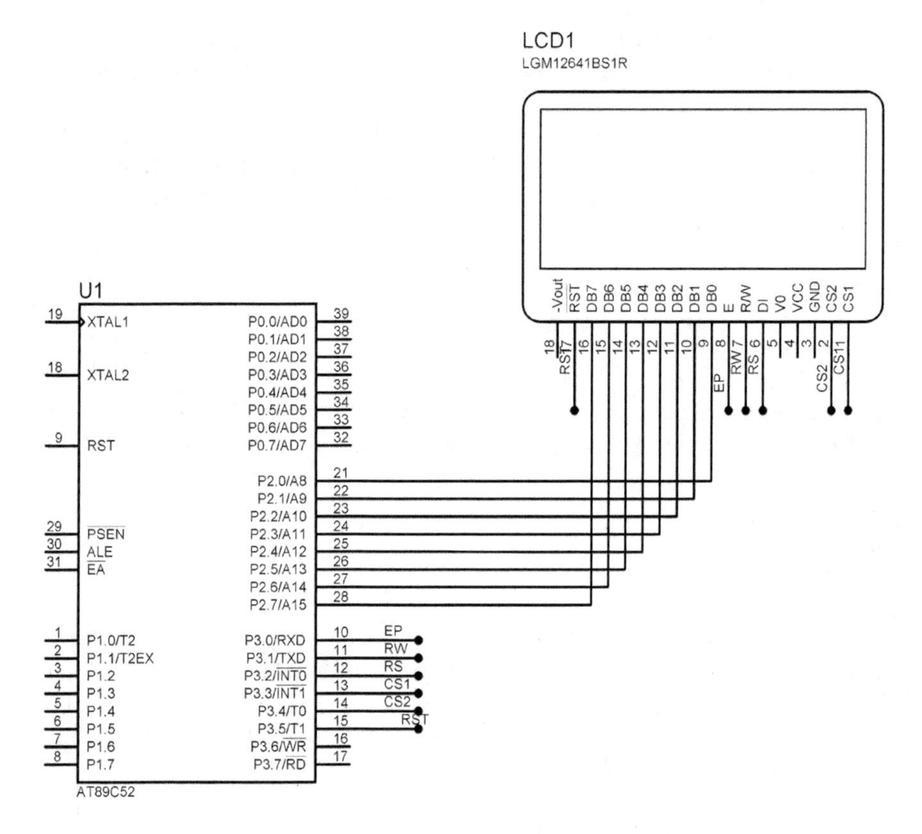

图 2-40　点阵图形液晶显示实验仿真电路图

2.12.5　测试运行

双击单片机模型，加载在 Keil C 中生成的 HEX 文件。单击运行按钮，即可看到屏幕依次打印出的古诗，如图 2-41 所示。

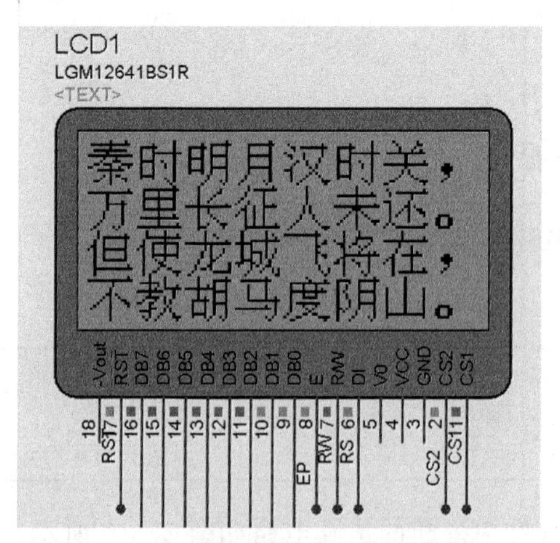

图 2-41　点阵图形液晶显示实验测试结果图

2.12.6 实验小结

本实验完成了点阵图形液晶显示。在实验中要完成几个环节：① 字模的提取；② 控制液晶并写入字模数据。因此对应要熟悉字模提取软件的使用；了解并学会使用液晶控制的操作指令。

试着进行在点阵图形液晶上显示其他内容的实验。

2.13 实验 12——点阵字符液晶显示实验

2.13.1 任务及要求

任务：编写程序控制 LCD1602 点阵字符液晶模块，使字符分两行显示，实现逐字符显示"Welcome to MCU51 LCD Learning!"字样并以从左向右移动的方式显示该字符串的效果。

要求：通过实验，掌握点阵字符液晶原理；熟悉单片机对点阵字符液晶编程方法。

2.13.2 预备知识

点阵字符液晶模块是专门用来显示字母、数字、符号等的字符型液晶，由若干 5×7 或 5×11 等点阵字符位组成。每个点阵字符位显示一个字符。点阵字符位间有一个点距的间隔起到字符间隔和行距的作用。

本实验所使用的点阵字符液晶显示器 LCD1602 能够同时分 2 行显示 32 个字符，每行最多能显示 16 个字符。字符由 5×7 或 5×11 等点阵字符位组成。每位间有一点的间隔，每行也有一行的间隔，所以不适合显示图形。

它的主要特性如下：

① 内含复位电路，对比度可调。

② 提供各种控制命令，如清屏、字符闪烁、光标闪烁、显示移位等。

③ 内含 80 字节的显示数据存储器 DDRAM。

④ 内建 192 个 5×7 点阵的字符发生器 CGROM。

⑤ 8 个可由用户自定义的 5×7 的字符发生器 CGRAM。

LCD1602 模块的封装如图 2-42 所示，引脚说明见表 2-25。

表 2-25　LCD1602 点阵字符液晶引脚说明

引　脚	功　能
1 (V_{SS})	电源地
2 (V_{DD})	电源正极(+5 V)

续表 2-25

引 脚	功 能
3 (V_{EE})	对比度调整端。接正电源时对比度最弱,接地时对比度最强
4 (RS)	寄存器选择位。高电平时选择数据寄存器,低电平时选择指令寄存器
5 (RW)	读写信号线。高电平时读操作,低电平时写操作
6 (E/EP)	使能端
7~14 (D0~D7)	8 位双向数据线
15 (BLA)	背光电源正极
16 (BLK)	背光电源负极

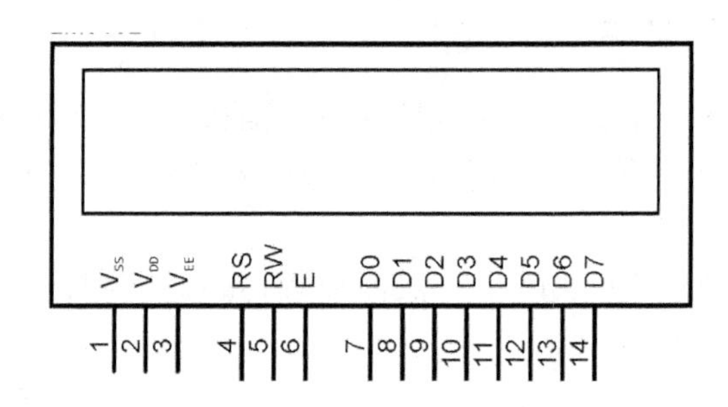

图 2-42 LCD1602 点阵字符液晶引脚图

1. 写数据或指令时序

微控制器通过并行方式将数据或指令从 D0～D7 的 8 位双向数据线发送给 LCD1602。其写数据或指令按如下步骤进行:

① 令 RW 为零,表示进行写操作。

② 给 RS 引脚赋值。若 RS=1,则传送数据;否则,传送指令。

③ 将 8 位数据或指令放到 D0～D7 的 8 位双向数据线上。

④ 使能 EP 端,令 EP=1。

⑤ 延时 1 ms 以上,给数据一定的建立时间(数据建立的最小时间为 195 ns,此处为保险起见,延时 1 ms 以上,具体硬件在调速过程中可能会延时更长时间)。

⑥ 禁止 EP,令 EP=0,那么在 EP 的下降沿数据即传送到 LCD1602 的缓存中。

2. 指令集及说明

LCD1602 液晶模块中有一个地址指针,用以标注字符在屏幕的显示方位,地址指针的起始地址为 0x80。LCD1602 共有 80 个字符的显示缓冲区 DDRAM。当为单行显示模式时,地址指针的取值范围为 0x80～0xCF;当为两行显示模式时,每行有 40 个字符的缓冲区,首行地址的取值范围为 0x80～0xAF,第二行的地址取值范围为 0xC0～0xEF。

DDRAM 的地址设置指令为:

RS	R/W	DB7	DB6	DB5	DB4	DB3	DB2	DB1	DB0
0	0	1	A6	A5	A4	A3	A2	A1	A0

运行时间(250 kHz)：40 μs。

功能：设置 DDRAM 地址。

N=0,一行显示时,A6～A0=0～4FH。(注：N 为显示模式指令中的 DB3 位。)

N=1,两行显示时,首行 A6～A0=00H～2FH,次行 A6～A0=40H～67H。

显示模式指令格式为：

RS	R/W	DB7	DB6	DB5	DB4	DB3	DB2	DB1	DB0
0	0	0	0	1	DL	N	F	*	*

运行时间(250 kHz)：40 μs。

功能：工作方式设置(初始化指令)。

其中：DL=1,8 位数据接口；DL=0,4 位数据接口；

　　N=1,两行显示；N=0,一行显示；

　　F=1,5×10 点阵字符；F=0,5×7 点阵字符。

输入方式的地址设置指令为：

RS	R/W	DB7	DB6	DB5	DB4	DB3	DB2	DB1	DB0
0	0	0	0	0	0	0	0	I/D	S

运行时间(250 kHz)：40 μs。

功能：设置光标、画面移动方式。

其中：I/D=1,数据读、写操作后,AC 自动增一；

　　I/D=0,数据读、写操作后,AC 自动减一；

　　S=1,数据读、写操作,画面平移；

　　S=0,数据读、写操作,画面不动。

显示开关机光标的指令格式为：

RS	R/W	DB7	DB6	DB5	DB4	DB3	DB2	DB1	DB0
0	0	0	0	0	0	1	D	C	B

运行时间(250 kHz)：40 μs。

功能：设置显示、光标及闪烁开、关。

其中：D 表示显示开关,D=1 为开,D=0 为关；

　　C 表示光标开关,C=1 为开,C=0 为关；

　　B 表示闪烁开关,B=1 为开,B=0 为关。

RS	R/W	DB7	DB6	DB5	DB4	DB3	DB2	DB1	DB0
0	0	0	0	0	1	S/C	R/L	*	*

运行时间(250 kHz)：40 μs。

功能：光标、画面移动，不影响 DDRAM。

其中：S/C=1，画面平移一个字符位；

S/C=0，光标平移一个字符位；

R/L=1，右移；R/L=0，左移。

常用指令见表 2-26。

表 2-26 LCD1602 常用指令

指 令	功 能
0x01	显示清屏，数据地址指针为 0
0x02	显示回车，数据地址指针为 0
0x38	设置 16×2 显示，5×7 点阵，8 位数据接口
0x0F	开显示，光标闪烁，显示光标
0x06	当写入一个字符后，地址加 1，画面不动
0x18	画面左移，相当于字符右移

2.13.3 程序生成

实验程序：

```
1  #include<reg51.h>
2  #define uchar unsigned char
3  #define uint unsigned int
4
5  #define LCDDataBus P2     //定义 LCD 数据总线
6  sbit RS = P1^2;
7  sbit RW = P1^3;
8  sbit EP = P1^4;
9
10  // 延时函数
11  void delay(uchar k)
12  {
13      unsigned char i;
14          for(; k > 0; k--)
15      for(i = 121; i > 0; i--);
16  }
17
18  // 写数据函数
19  void LCDWriteData(uchar Data)
20  {
21      RS = 1; //传输数据
```

```
22      RW = 0; //写
23      LCDDataBus = Data;
24      EP = 1;
25      delay(1);
26      EP = 0;
27  }
28
29  // 写指令函数
30  void LCDWriteCmd(uchar Cmd)
31  {
32      RS = 0; //传输指令
33      RW = 0;
34      LCDDataBus = Cmd;
35      EP = 1;
36      delay(1);
37      EP = 0;
38  }
39
40  // ==============坐标转换函数 ======================
41  //  将坐标转换为 LCD 的坐标
42  //    row = 0x00 在第一行显示,row = 0x01 在第二行显示
43  //    column = 0～15 在 LCD 上的可见域显示
44  // ========================================
45  void LCDPosition(uchar row,uchar column)
46  {
47      char position;
48      if(row == 1)
49          position = 0x80 + column - 1;
50      else if(row = = 2)
51          position = 0xC0 + column - 1;
52
53      LCDWriteCmd(position);
54      delay(10);
55  }
56
57  // ============在指定位置写数据函数 =====================
58  // row 指定行,column 指定列位置,c 为待写入的数据
59  // ========================================
60  void writeChar(uchar row,uchar column, char c)
61  {
62      LCDPosition(row,column);
63      LCDWriteData(c);
64      delay(500);
65  }
66
67  // ============写字符串函数 ===========================
68  // row 表示行,column1 表示第一行起始地址,column2 表示下一行起始地址,均从 1 开始
```

```
69  // ================================================================
70  void writeString(uchar row,uchar column1,uchar column2, char * s)
71  {
72      char i;
73      if(( * s) == '\0')
74          return;
75      for(i = 0; ; i++ )
76      {
77          if(( * (s + i)) == '\0')
78              break;
79          if(i <= 15)
80          {
81              writeChar(row,column1, * (s + i));
82              delay(2);
83              column1 ++ ;
84          }
85          if(i > 15 && i< 32)
86          {
87              writeChar(row + 1,column2, * (s + i));
88              delay(2);
89              column2 ++ ;
90          }
91      }
92  }
93
94  // 移动字符串函数
95  void moveString(char * s)
96  {
97      uchar i;
98      writeString(1,25,25,s);
99      for(i = 16; i > 0; i-- )
100      {
101          LCDWriteCmd(0x18);    //屏幕移动
102          delay(900);
103      }
104  }
105
106  // 液晶初始化函数
107  void LCDInit(void)
108  {
109          LCDWriteCmd(0x38); //设置 16×2 显示,5×7 点阵,8 位数据接口
110          delay(30);
111          LCDWriteCmd(0x01);//清屏
112          delay(30);
113          LCDWriteCmd(0x06);//地址加 1,整屏右移
114          delay(30);
115          LCDWriteCmd(0x0f);//开显示,光标闪烁,显示光标
```

```
116  }
117
118  // 主函数
119  void main(void)
120  {
121      LCDInit();
122      writeString(1,1,1,"Welcome to MCU51 LCD Learning!");
123      delay(100);
124      moveString("Welcome to MCU51 LCD Learning!");
125
126      while(1);
127  }
```

程序注释：

第1行：导入包含文件。

第2～3行：无符号数据的宏定义。

第5行：宏定义，LCD1602的数据总线接到AT89C51单片机的P2口上。

第6行：RS的位定义。

第7行：RW的位定义。

第8行：使能端EP的位定义。

第11～16行：延时函数。

第19～27行：向LCD1602写数据函数。

第21行：置为写数据状态。

第22行：允许写。

第23行：写入数据。

第24行：使能。

第25行：延时。

第26行：关闭使能，写入生效。

第29～38行：向LCD1602写命令函数。

第32行：置为写指令状态。

第33行：允许写入。

第34行：写入指令。

第35行：使能。

第36行：延时。

第37行：关闭使能，写入生效。

第40～55行：坐标转换函数。其中，参数row=1表示在第一行显示，row=2表示在第二行显示；column=0～15表示在LCD的可见域内显示。

第49、51行：0x80和0xC0分别为首行和次行的起始地址。

第53行：将地址通过指令的形式写入LCD1602。

第54行：延时。

第57～65行：在指定位置写数据函数。其中，参数row和column的意义同坐标转换函数；参数c为要显示的字符。

第62行：将显示字符的地址传送给LCD1602。

第63行：将要显示的字符传送给LCD1602。

第64行：延时。

第70～92行：显示一行字符串函数。其中，参数row表示行，row=1时为字符串从第一行开始显示，并且从第一行的column1列和第二行的column2列开始显示；指针s为字符串的内存首地址。

第 73 行：判断是否为空字符串。若为空字符串，则退出显示。

第 75～91 行：依次显示字符串中的每个字符，直到遇到字符串结束符 '\0' 为止。

第 77 行：判断字符串是否结束。

第 85 行：判断字符串是否能在一行内显示完成。若不能则分两行显示。

第 95～104 行：移动显示字符串函数。指针参数 s 为需要显示的字符串的内存首地址。

第 98 行：写入字符串。由于每行能缓存 40 字节的字符，而只有前 1～16 个字符能显示出来。这里将两行的数据暂存到不能被显示的 25～40 的缓冲区。

第 99 行：循环开始。通过 16 次画面左移（相当于字符右移）完成两行数据地址在 25～40 的缓冲区内的数据从左向右的移动显示。

第 101 行：写入指令。左移屏幕。

第 102 行：延时。

第 107～116 行：LCD1602 初始化函数。

第 109 行：设置为 16×2 行、5×7 点阵，8 位数据接口的显示模式。

第 111 行：清屏并清零芯片内部地址指针。

第 113 行：地址加 1，屏幕右移。

第 115 行：打开显示，显示光标和光标闪烁。

第 119 行：主函数入口

第 121 行：液晶初始化。

第 122 行：显示字符串。

第 123 行：延时。

第 124 行：滚动显示字符串。

第 126 行：保持显示。

第 127 行：main 函数结束

2.13.4 仿真环境搭建

根据题目要求，实验所需的器件清单见表 2－27。

表 2－27 实验所需器件清单

序 号	元器件	Proteus 关键字	数 量
1	AT89C51 单片机	AT89C51	1
2	LCD1602 液晶显示器	LM016L	1

在 Proteus 仿真软件中搭建的仿真电路如图 2－43 所示。

2.13.5 测试运行

双击单片机模型，加载在 Keil C 中生成的 HEX 文件。单击运行按钮，即可看到屏幕依次打印出“Welcome to MCU51 LCD Learning！”字样，大约 1 s 后从左至右移动显示出该字符串。测试结果如图 2－44 所示。

2.13.6 实验小结

本实验完成了用单片机控制 LCD1602 液晶模块显示文字的任务。LCD1602 液晶模块的功耗低、体积小、显示内容丰富且超薄轻巧，常用在袖珍式仪表和低功耗应用系统中，所以应仔细体会其使用方法、技巧。

通过与 2.12 节的点阵图形液晶显示实验对比，充分认识二者的区别。

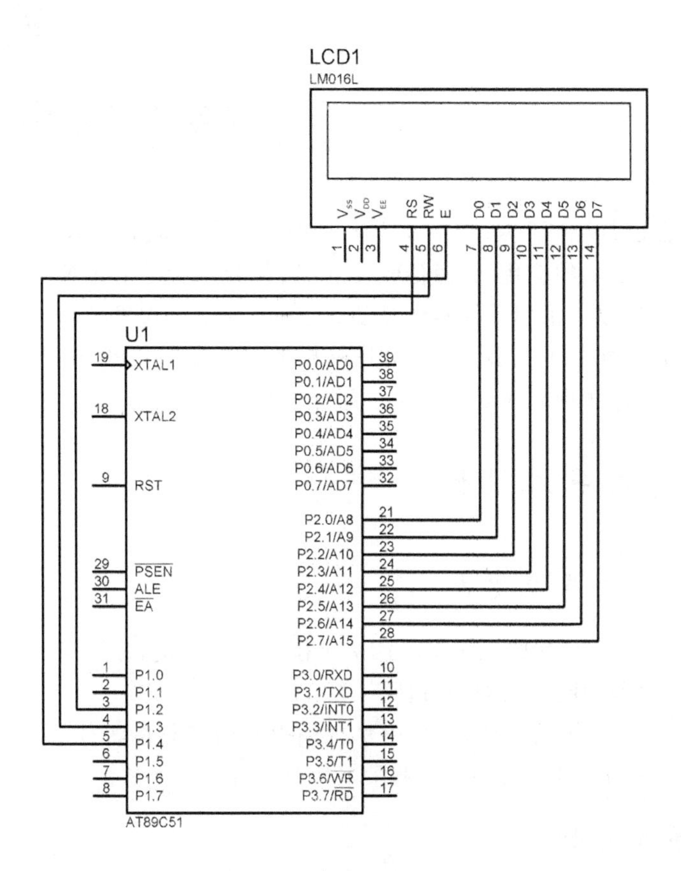

图 2-43　实验仿真电路图

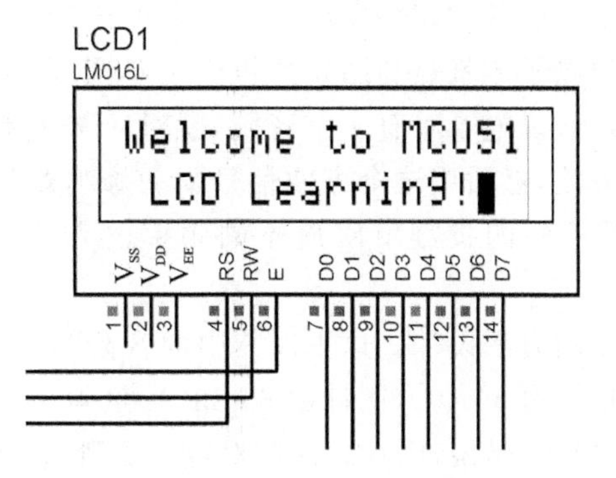

图 2-44　实验测试结果图

第 3 章 单片机课程设计

本章课程设计结合了实际应用，具有一定的综合性，同时加入了一些与当前研究热点物联网相关的新的应用，如短信收发、GPS 信息解析等。需要说明的是，仿真软件中没有超声波模块，采用了模拟测试的方法；没有短信收发模块，使用真实的短信收发模块，进行半实物的仿真；GPS 信息解析使用了虚拟 GPS 软件输出 GPS 数据，协同进行仿真。这些措施较好地解决了部分仿真实验的困难。

3.1 简易电子琴设计

3.1.1 设计任务及要求

任务：设计一个简易的电子琴。用 7 个按键模拟琴键，分别表示音阶 1～7，按下按键即可从蜂鸣器中听到其对应音调。

要求：通过本系统的设计，了解单片机模拟不同音阶的工作原理并掌握其编程方法；进一步熟悉定时器编程方法，熟悉单片机系统设计方法。

3.1.2 系统分析

声音由声源的振动产生，经由空气传播。音调取决于振动的频率，频率越高，音调越高。电子琴按下不同的琴键就会发出不同音调的声音，其实就是产生不同频率的振动。基于单片机的电子琴就是利用单片机产生不同频率的波形，驱动蜂鸣器来发出不同音调的声音。假设电子琴有 7 个音阶，就对应 7 个不同的频率。只要让单片机产生不同频率的方波，然后用这个方波信号驱动蜂鸣器就可以了。单片机的按键可以模拟琴键，按下不同的按键就对应不同频率的方波，随之发出不同频率的声音。

系统通过定时中断的方法设计。这里以其中的音阶“1”为例说明。其初值设为 0XFB90，对应的十进制数为 64 400，则计数 65 536－64 400＝1 136 次后溢出进入中断。若单片机外接 12 MHz 晶振，则计数一次对应 1 μs，即计数 1 136 μs 后溢出。一个音阶周期为 1 136 μs×2＝2 272 μs，对应频率为 1/2 272 μs＝440 Hz。此频率即为音阶“1”所对应的频率值。其他频率对应的计数初值可按照此方法推算出来，具体见表 3－1。

表 3－1　音阶对应频率和计数初值

音　阶	1	2	3	4	5	6	7
频率/Hz	440	494	523	587	659	698	784
计数初值	0XFB90	0XFC0C	0XFC44	0XFCAC	0XFD09	0XFD34	0XFD82

3.1.3　系统流程与程序

系统通过 7 种不同的频率驱动蜂鸣器分别模拟 7 种音阶的声音，并以此设计简易的电子琴。主要流程如图 3－1 所示。

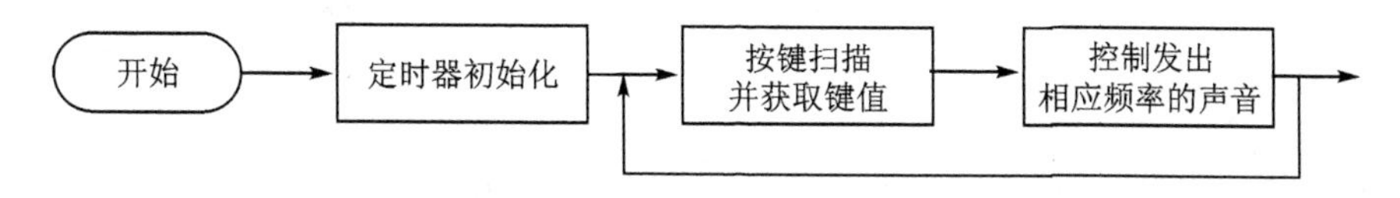

图 3－1　系统流程图

系统程序：

```
1  #include <REG51.h>
2  #define uchar unsigned char
3  #define uint unsigned int
4  sbit BEEP = P2^0;
5  uchar code scalesH[] = {0xfb,0xfc,0xfc,0xfc,0xfd,0xfd,0xfd};
6  uchar code scalesL[] = {0xe8,0x5b,0xc0,0xee,0x44,0x91,0xd5};
7  uchar note;
8
9  // 定时器初始化函数
10  void init()
11  {
12      TMOD = 0x01;            //T/C0 工作在方式一
13      ET0 = 1;                //开定时器中断
14      EA = 1;                 //开总中断
15  }
16
17  // 延时函数
18  void delay(uint i)          //延时程序
19  {
20      uint j,k;
21      for(j = i;j>0;j--)
22          for(k = 110;k>0;k--);
23  }
24
25  // 按键扫描函数
26  void keyScan()
27  {
28      if(P1! = 0xff)          //有键被按下
```

```
29          {
30              delay(10);    //延时,防止有抖动
31              if(P1! = 0xff)
32              {
33                  switch(P1)
34                  {
35                      case 0xfe: note = 0;break;
36                      case 0xfd: note = 1;break;
37                      case 0xfb: note = 2;break;
38                      case 0xf7: note = 3;break;
39                      case 0xef: note = 4;break;
40                      case 0xdf: note = 5;break;
41                      case 0xbf: note = 6;break;
42                  }
43                  TR0  =  1;
44                  while(P1! = 0xff);        //等待按键释放
45                  TR0 = 0;                  //关闭定时器
46                  BEEP = 1;                 //关闭蜂鸣器
47              }
48          }
49      }
50
51      //主函数
52      void main()
53      {
54          init();
55          while(1)
56          {
57              keyScan();
58          }
59      }
60
61      //定时器 0 的中断服务函数
62      void time0() interrupt 1
63      {
64          TH0 = scalesH[note];
65          TL0 = scalesL[note];
66          BEEP = ~BEEP;
67      }
```

将如上程序代码装载到 Keil 中,编译和连接后即可生成相应的 HEX 文件。

程序注释:

第 1 行: 头文件包含。
第 2~3 行: 无符号数据的宏定义。
第 4 行: 位定义,定义 P2.0 口连接蜂鸣器。
第 5~6 行: 7 种不同频率对应定时器初值数组。
第 5 行是初值的高 8 位,赋值给 TH0 寄存器。

第 6 行是初值的低 8 位，赋值给 TL0 寄存器。
第 7 行：变量定义，note 存放对应按键的音阶。
第 10～15 行：定时器初始化程序。
第 12 行：定时器 0 工作于方式 1。
第 13 行：开定时器中断。
第 14 行：开总中断。
第 18～23 行：延时函数。
第 26～49 行：按键扫描子函数。
第 28 行：判断是否有键按下。
第 30 行：延时消抖。
第 31 行：再次确定是否有键按下。
第 33 行：判断是哪个键按下。
第 35 行：表示音阶“1”的按键按下，则 note 变量赋值。
第 36～41 行：意义与第 35 行类同。
第 43 行：开启定时器 0。
第 44 行：等待按键释放。
第 45 行：关闭定时器 0。
第 46 行：关闭蜂鸣器。
第 52～59 行：主函数。
第 54 行：对定时器 0 进行初始化。
第 55 行：进入死循环。
第 57 行：调用按键扫描函数，获取按键值并进行相应的处理。
第 62～67 行：定时器 0 的中断服务函数。
第 64、65 行：为定时器 0 的计数寄存器赋初值，所赋之值由按下的按键确定。
第 66 行：对蜂鸣器接口取反，表示输出方波，让蜂鸣器发出特定频率的声音。

3.1.4 仿真环境搭建

根据题目要求，仿真数字电子琴器件清单见表 3-2。选择好元器件后即可搭建本系统的仿真环境。简易电子琴仿真电路如图 3-2 所示。

表 3-2 Proteus 仿真数字电子琴器件清单

序　号	元器件	Proteus 关键字	数　量
1	AT89C51 单片机	AT89C51	1
2	蜂鸣器	SPEAKER	1
3	按钮	BUTTON	7

3.1.5 测试运行

(1) 设置单片机时钟频率

在图 3-2 中双击单片机模型，得到 Edit Component 对话框。在其 Program File 项中载入所得到的 HEX 文件。设置 Clock Frequency 为 12MHz 表示选用 12MHz 的晶振。单击 OK 按钮退出。

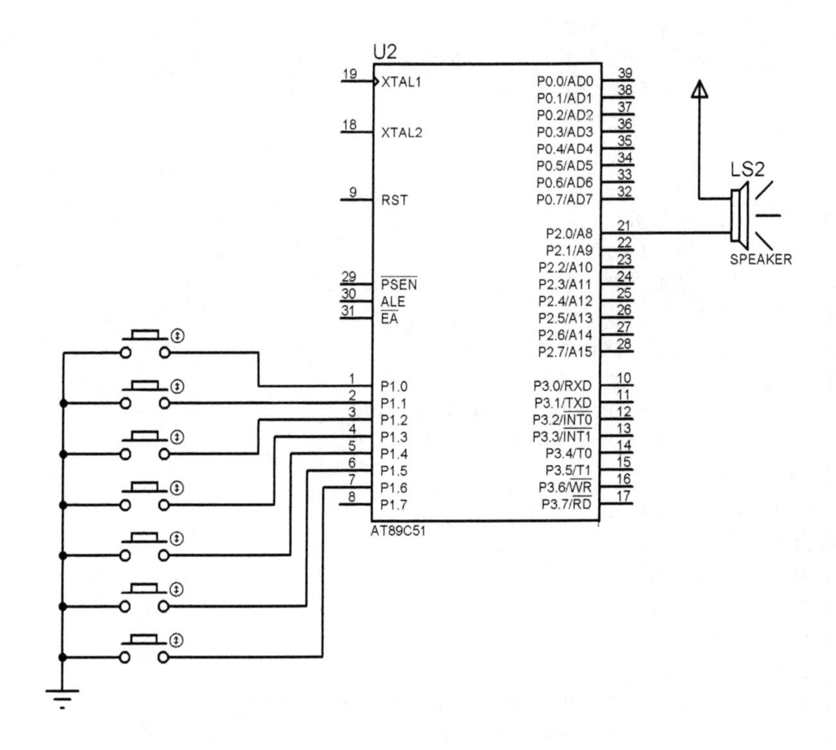

图 3-2　简易电子琴仿真电路图

(2) 启动仿真

从上到下依次单击按钮时,可以听到蜂鸣器分别发出 1～7 不同音阶对应的声音。

3.1.6 小　结

系统设计了一个简易的电子琴,并在 Proteus 7.7 中仿真实现了其功能。由定时器 0 产生 7 种不同频率的方波,驱动蜂鸣器发出 7 种声音,分别模拟 1～7 音阶,实现了题目所要求的功能。

3.2 音乐盒设计

3.2.1 设计任务及要求

任务:设计一个音乐盒,使其能播放一首歌曲。

要求:通过本系统的设计,了解乐曲在单片机系统中的设置方法并掌握其编程方法;进一步熟悉定时器编程方法,熟悉单片机系统设计方法。

3.2.2　系统分析

乐曲中不同的音符，实质就是不同频率的声音。通过单片机产生不同频率的信号，由蜂鸣器播放，就产生了美妙和谐的乐曲。结合上节对电子琴原理的认识，只要得到某一乐曲的音符，则可以通过定时器模拟产生不同的音阶，进而控制蜂鸣器播放乐曲。

在一首曲子的音符数组中，0xFF 表示休止符，非休止符的数组元素高 4 位表示音阶，低 4 位表示节拍。通过音阶查询计数初值并赋值给计数器，从而产生一定频率的调子；节拍则是通过延时实现的。

3.2.3　系统流程与程序

本节通过一曲《心心相印》的实现过程说明音乐盒的工作流程。playMusic 函数逐个取出曲目数组中的元素，并从每个元素中分别提取出音阶和节拍，继而控制定时器得到相应音阶，通过延时函数获得节拍，产生对应的曲调和节拍。

系统主要流程如图 3-3 所示。

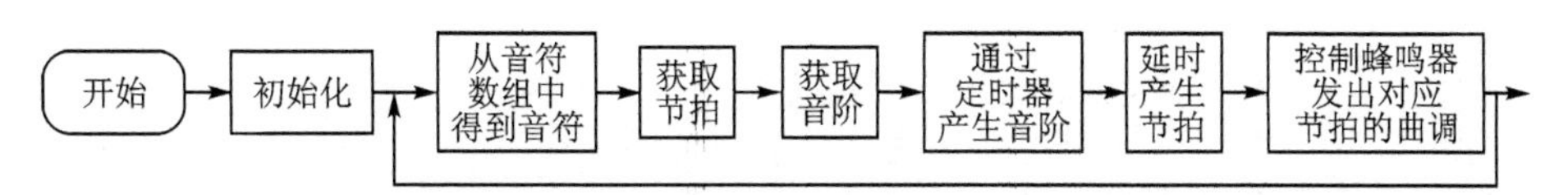

图 3-3　系统流程图

系统程序：

```
1   #include <reg51.h>
2   #define uchar unsigned char
3   #define uint unsigned int
4
5   sbit BEEP = P2^0;
6   uchar note;
7   uchar * music_p;
8   uchar code scales[] =
9   {
10       0xFF,0xFF,0xFB,0x90,0xFC,0x0C,0xFC,0x44,0xFC,0xAC,
11       0xFD,0x09,0xFD,0x34,0xFD,0x82,0xFD,0xC8,0xFE,0x06,
12       0xFE,0x22,0xFA,0X15,0XFB,0x04,0xFA,0x67,0xFE,0x85
13   };
14
15   uchar code XinXinXiangYing[] =
16   {
17       0x24,0x14,0x24,0xc4,0x54,0x54,0x48,0x04,0x54,0x44,
18       0x34,0x22,0x14,0xb2,0xc8,0x04,0x12,0xc2,0x16,0x12,
19       0x76,0x52,0x46,0x12,0x3f,0x04,0xb4,0xd4,0xc4,0x14,
20       0x28,0xc4,0x14,0x12,0x32,0x16,0xc2,0x54,0x78,0x34,
```

```
21      0x4c,0x42,0x52,0x86,0x74,0x76,0x52,0x74,0x28,0x44,
22      0x52,0x46,0x11,0x26,0x12,0xcf,0x04,0x24,0x14,0xc4,
23      0x56,0x52,0x48,0x04,0x54,0x44,0x34,0x22,0x14,0xb2,
24      0xc8,0x04,0x34,0x14,0xc4,0x12,0x32,0x18,0x42,0x42,
25      0x74,0x52,0x34,0x3f,0xff
26  };
27
28  // 延时函数
29  void delay(uint i)
30  {
31      uchar j;
32      for(;i>0;i--)
33          for(j = 110;j>0;j--);
34  }
35
36  // 音乐播放函数
37  void playMusic()
38  {
39      uchar i,j,k;
40      music_p = XinXinXiangYing;
41
42      while( * (music_p + j) ! = 0xff)
43      {
44          k = * (music_p + j)&0x0F;
45          note = * (music_p + j) >> 4;
46          TH0 = scales[2 * note];
47          TL0 = scales[2 * note + 1];
48          TR0 = 1;
49          if ((scales[2 * note] == 0xff)&&(scales[2 * note + 1] == 0xff))
50          {
51              TR0 = 0;
52          }
53          for(i = k;i>0; -- i)
54          {
55              delay(187);
56          }
57          TR0 = 0;
58          j ++ ;
59      }
60
61      BEEP  =  1;
62  }
63
64  // 定时器 0 和外部中断 0 初始化函数
65  void init()
66  {
67      TMOD = 0x01;
```

```
68        ET0 = 1;
69        EA = 1;
70    }
71
72    // 主函数
73    void main()
74    {
75        init();
76        playMusic();
77        while(1);
78    }
79    // 定时器 0 中断服务函数
80    void timer0() interrupt 1
81    {
82        TH0 = scales[2 * note];
83        TL0 = scales[2 * note + 1];
84        BEEP  =  ~BEEP;
85    }
```

将如上程序代码装载到 Keil 中，编译和连接后即可生成相应的 HEX 文件。

程序注释：

第 1 行：包含头文件。

第 2～3 行：无符号数据的宏定义。

第 5 行：位定义，定义单片机的 P2.0 口连接蜂鸣器。

第 6 行：定义变量，note 存放音阶下标。

第 7 行：定义指针变量，指针 music_p 用来暂存音符数组的首地址。

第 8～13 行：不同音符对应频率的定时器初值。数组中每一个音符对应相邻的两个数值，其中头一个数值(偶数下标)为该音符对应频率的定时器初值的高 8 位，赋值给 TH0 寄存器；后一个数值(奇数下标)为该音符对应频率的定时器初值的低 8 位，赋值给 TL0 寄存器。最开始的两个 0xFF 表示休止符对应的定时器初值。

第 15～26 行：乐曲《心心相印》的音符数组。每一个音符的低 4 位表示节拍，高 4 位表示音阶，最后一个 0xFF 表示休止符。

第 29～34 行：延时函数。

第 37～62 行：音乐播放函数。

第 40 行：获取《心心相印》乐曲的音符数组首地址。

第 42 行：判断是否为休止符。

第 44 行：从音符数组中得到节拍。

第 45 行：从音符数组中得到音阶。

第 46～47 行：给定时器 0 赋初值。

第 48 行：打开定时器 0。

第 49 行：判断是否播放到休止符，若到了休止符则关闭定时器(第 51 行)。

第 53～56 行：延时，以产生相应的节拍。

第 57 行：音符播放完成后关闭定时器。

第 58 行：播放下一个音符。

第 61 行：所有音符播放完成后关闭蜂鸣器。

第 64～70 行：定时器初始化函数。其意义与本章 3.1 节的函数相同。完成设置定时器 0 为工作方式 1、开定时器中断和开总中断。

第73～78行：主函数。
第75行：对定时器0进行初始化。
第76行：播放《心心相印》乐曲。
第77行：死循环，让单片机一直处于工作状态。
第80～85行：定时器0的中断服务函数，完成单个音符的发声。
第82～83行：对定时器0赋初值。
第84行：对蜂鸣器接口取反，输出方波，让蜂鸣器发出特定频率的声音。

3.2.4 仿真环境搭建

根据题目要求，仿真音乐盒器件清单见表3-3。选择好元器件后即可搭建本系统的仿真环境。音乐盒仿真电路如图3-4所示。

表3-3　Proteus仿真音乐盒器件清单

序　号	元器件	Proteus关键字	数　量
1	AT89C51单片机	AT89C51	1
2	蜂鸣器	SPEAKER	1

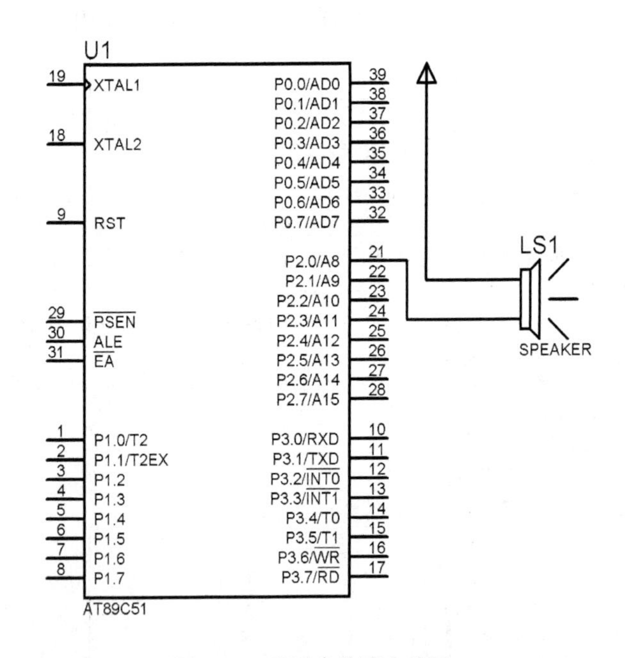

图3-4　音乐盒仿真电路图

3.2.5 测试运行

(1) 设置单片机时钟频率

在图3-1中双击单片机模型，得到Edit Component对话框。在其Program File项中载入所得到的HEX文件。设置Clock Frequency为12 MHz表示选用

12 MHz 的晶振。单击 OK 按钮退出。启动即可开始仿真。仿真可听到蜂鸣器播放《心心相印》乐曲。

(2) 播放其他歌曲

可改变音符数组元素，以播放其他乐曲。

乐曲《祈祷》的音符数组如下：

```
0xc4,0x14,0x32,0x44,0x44,0x52,0x52,0x44,0x32,0x32,
0x14,0x14,0x12,0x12,0x32,0x42,0x54,0x54,0x4f,0xc4,
0x12,0x32,0x44,0x42,0x72,0x58,0x42,0x32,0x34,0x14,
0x12,0x01,0x01,0x01,0x1f,0xff
```

乐曲《兰花草》的音符数组如下：

```
0x22,0x52,0x52,0x56,0x56,0x42,0x32,0x42,0x32,0x42,0x32,0x22,
0x18,0x82,0x82,0x82,0x82,0x82,0x82,0x86,0x72,0xb2,0x72,0x72,
0x62,0x58,0x52,0x82,0x82,0x72,0x56,0x42,0x32,0x42,
0x32,0x22,0x16,0xb2,0xb2,0x32,0x32,0x22,0x16,0x51,
0x42,0x31,0x21,0xc1,0x88,0xff
```

3.2.6 小　结

本系统设计了一个音乐盒，并在 Proteus 7.7 中仿真实现了其功能。由乐曲的音符得到每个音符对应的节拍和音阶，通过定时器和蜂鸣器模拟每个音符的发声，最终完成整首乐曲的播放。仿真结果表明，所设计的音乐盒运行良好，可加以改进融入到小型电子玩具的设计中。

思考：如何改进，以实现多首歌曲的播放？

3.3 LED 点阵循环显示系统

3.3.1 设计任务及要求

任务：设计一个 LED 点阵循环显示系统，完成控制 LED 点阵显示字符和利用点阵循环显示字符两项任务。

要求：通过本系统的设计，了解 LED 点阵的工作原理并掌握其编程方法；进一步熟悉单片机系统设计方法。

3.3.2 系统分析

1. LED 点阵显示屏

LED 点阵显示屏广泛应用于汽车报站器、广告屏等。8×8 LED 点阵是最基本的点阵显示模块，理解 8×8 LED 点阵的工作原理有助于基本掌握 LED 点阵显示技术。

8×8 LED 点阵等效电路如图 3-5 所示。从图中可以看出，8×8 点阵由 64 个发光二极管组成。每个发光二极管放置在行线和列线的交叉点上。当对应的某一列置低电平、某一行置高电平时，其对应的二极管就亮。要实现显示图像或字体，只需考虑其显示方式。通过编程控制各显示点对应LED的X端和Y端的电平，就可以有效控制各显示点的亮灭。例如，要实现一根柱形的亮法，即对应的一列LED亮，则需将该列置低电平，而行采用扫描的方法置高电平来实现。

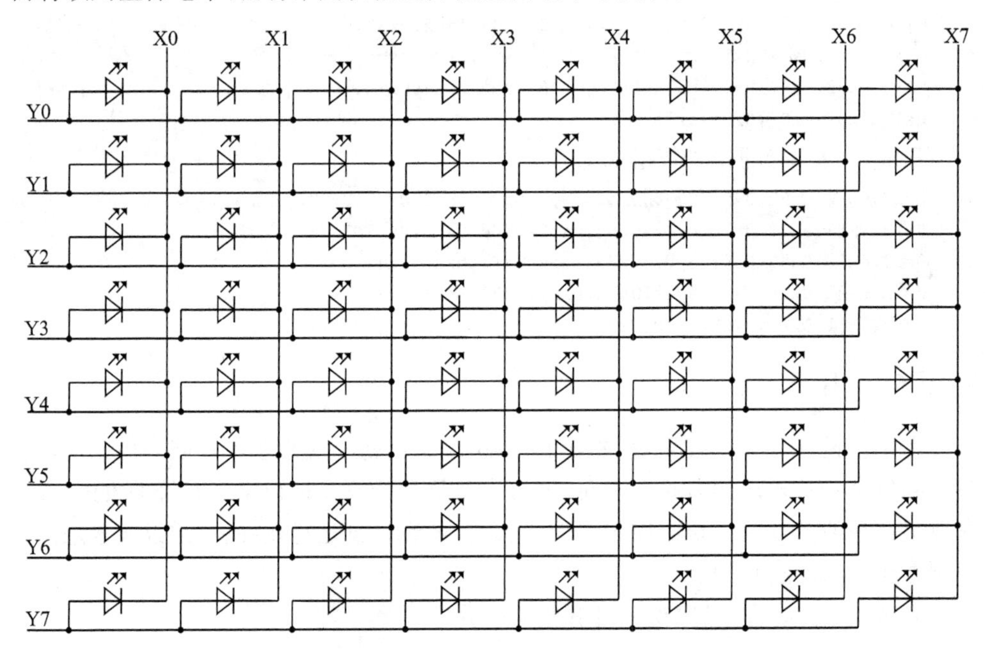

图3-5　8×8点阵等效电路

2. LED点阵显示原理

如显示一个汉字，编码可通过字模软件得到。例如汉字“王”的8×8点阵编码为0x81 0x91 0x91 0xff 0xff 0x91 0x91 0x81。同动态数码管显示原理相同，先选择要显示的行，然后将编码的第一个值赋给列，稍作延时；选中第二行，将编码的第二个值赋给列……如此循环8次，利用人眼的视觉停留，完成一个字符的显示。

要循环显示某一个字符，则时刻1显示一帧数据为原字符编码，时刻2显示一帧数据为原字符向右移动一位后所剩下部分，……时刻9原字符内容全部移出，显示一帧空屏数据(空屏的编码为0 0 0 0 0 0 0 0)。循环显示字符“王”，则需按表3-4编码显示。

3. 字模的提取

这里使用一款8×8 LED显示屏字模提取软件LEDDOT。通过8×8 LED显示屏字模提取对话框中菜单栏的“设置”选项卡进行字模提取设定。分别设置字模提取方式为逐列，字模提取格式为C51格式，字模显示方式为单行。其他设置未做改变。得到的字模编码如图3-6所示。

表 3－4 循环显示字符“王”各个时刻的编码

时 刻	显示编码							
时刻 1	0x81	0x91	0x91	0xff	0xff	0x91	0x91	0x81
时刻 2	0	0x81	0x91	0x91	0xff	0xff	0x91	0x91
时刻 3	0	0	0x81	0x91	0x91	0xff	0xff	0x91
时刻 4	0	0	0	0x81	0x91	0x91	0xff	0xff
时刻 5	0	0	0	0	0x81	0x91	0x91	0xff
时刻 6	0	0	0	0	0	0x81	0x91	0x91
时刻 7	0	0	0	0	0	0	0x81	0x91
时刻 8	0	0	0	0	0	0	0	0x81
时刻 9	0	0	0	0	0	0	0	0
⋮								

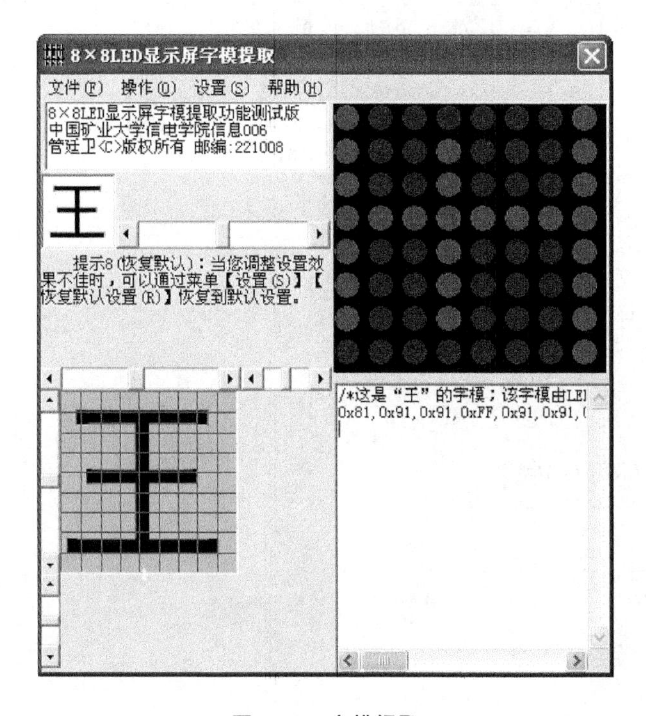

图 3－6 字模提取

3.3.3 系统流程与程序

本节通过 LED 点阵循环显示“LED”字样为例说明循环显示的工作原理。将“LED”的编码存于单片机内，并在其前面加入空屏作为显示间隔，那么总共需要显示 4 个字符。每个字符由 8×8 的点阵显示，则循环一次需要显示 4×8＝32 帧图像。系统通过两层 for 循环显示这 32 帧图像达到循环显示的目的。系统基本流程如

图 3-7 所示。

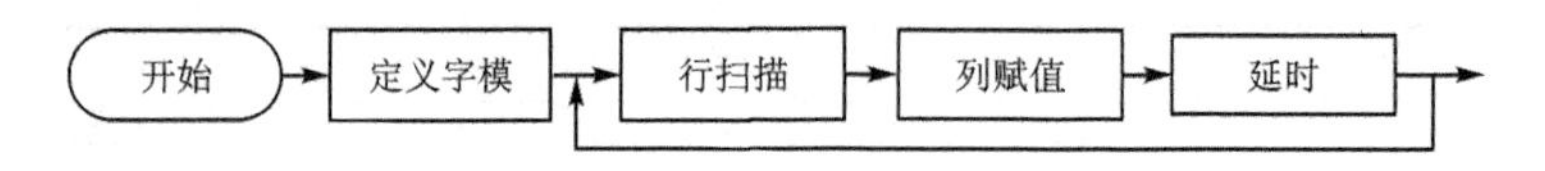

图 3-7　系统流程图

系统程序：

```
1   #include<reg51.h>
2   #define uchar unsigned char
3   #define uint unsigned int
4   #define R     P2
5   #define C     P3
6
7   uchar code row[] = {0xfe, 0xfd, 0xfb, 0xf7, 0xef, 0xdf, 0xbf, 0x7f};
8   uchar code dis[] = {0x81, 0x91, 0x91, 0xff, 0xff, 0x91, 0x91, 0x81};//'王'
9   uchar code led[] = {0, 0, 0, 0, 0, 0, 0, 0,
10                      0x0,0x0,0x7e,0x42,0x42,0x7e,0x0,0x0,  // D
11                      0x0,0x0,0x52,0x52,0x52,0x7e,0x0,0x0,  // E
12                      0x0,0x0,0x2,0x2,0x2,0xFE,0x0,0x0,     // L
13                      0, 0, 0, 0, 0, 0, 0, 0};
14
15  // 延时函数
16  void delay(uint i)
17  {
18      uint j,k;
19      for(j = i;j>0;j--)
20          for(k = 110;k>0;k--);
21  }
22
23  // 点阵循环显示函数
24  void display(uchar tab[])
25  {
26      uchar i,j;
27      for (j = 32; j >= 1; j--)
28      {
29          for (i = 0; i < 8; i++)
30          {
31              R = row[i];
32              C = tab[i + j];
33              delay(2);
34          }
35          delay(50);
36      }
37  }
38
39  //主函数
40  void main()
```

```
41  {
42      while(1)
43          display(led);
44  }
```

将如上程序代码装载到 Keil 中，编译和连接后即可生成相应的 HEX 文件。

程序注释：

第 1 行：包含头文件。
第 2～3 行：无符号数据的宏定义。
第 4 行：宏定义，定义行扫描线为 P2 口。
第 5 行：宏定义，定义列扫描线为 P3 口。
第 7 行：行扫描数组，从 P2.0 到 P2.7 逐行进行扫描。
第 8 行：字符“王”的 8×8 编码表。
第 9～13 行：字符串“ LED：”的 8×8 编码表。
第 16～21 行：延时函数。
第 24～37 行：循环显示函数，函数的输入参数为显示字符串的编码表首地址。
第 27 行：for 循环，表示显示“ LED：”字符串需要 32 帧数据。
第 29～34 行：显示一帧数据。
第 31 行：为行扫描线赋值。
第 32 行：为列扫描线赋值。
第 33 行：短暂延时，如此循环 8 次完成一帧数据的显示。
第 35 行：延时，表示每两帧数据间的延时间隔为 50ms。如此，人眼看到的是字符串从右向左循环移动。
第 40～43 行：主函数。
第 42 行：一直循环。
第 43 行：调用循环显示函数，循环显示字符串“ LED”。

3.3.4　仿真环境搭建

根据题目要求，仿真 LED 点阵循环显示系统的器件清单见表 3-5。选择好元器件后即可搭建本系统的仿真环境，如图 3-8 所示。

表 3-5　Proteus 仿真 LED 点阵循环显示系统的器件清单

序　号	元器件	Proteus 关键字	数　量
1	AT89C51 单片机	AT89C51	1
2	8×8 LED 点阵	MATRIX-8X8	1

3.3.5　测试运行

在图 3-8 中双击单片机模型，然后在弹出的 Edit Component 对话框的 Program File 项中载入所得到的 HEX 文件，单击 OK 按钮退出，然后启动即可开始仿真。仿真可看到“ LED”从右向左循环显示，图 3-8 为循环显示到“E”时的截图。当然，可通过调节程序中的延时时间改变循环显示速度。

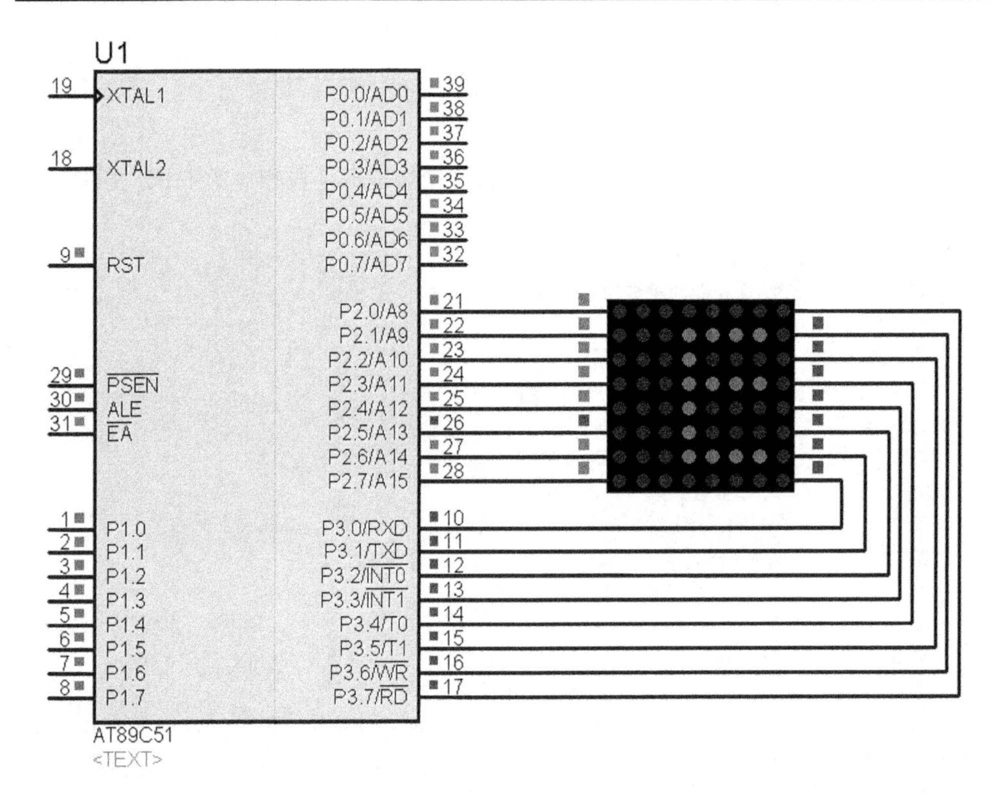

图 3-8　LED 循环显示广告牌仿真环境搭建

3.3.6　小　结

本系统通过 LED 点阵设计了一个简易的循环显示系统，并在 Proteus 7.7 中仿真实现了其功能。事实上，可通过多个 LED 点阵级联提高显示分辨率和显示字符串的长度，如此便能获得更好的视觉效果。但这样做将需要更多的 I/O 口资源。

仔细观察系统布线，可发现点阵的行扫描线不用占用 8 位 I/O 口，而可用 3-8 译码器转接，则行扫描线只用消耗 3 个 I/O 口资源，并且 3-8 译码器提升了 LED 的驱动能力，这样能减小单片机的驱动负担。

3.4　数字式电压计

3.4.1　设计任务及要求

任务：设计一个数字式电压计，用以测量 0～5 V 范围内的直流电压值；在两位 LED 数码管上显示，显示范围为 0.0～5.0 V。

要求：通过本系统的设计，掌握模数转换基本原理及器件使用方法；进一步熟悉单片机系统设计方法。

3.4.2 系统分析

1. 模数转换器件

以本次实验使用的 ADC0809 芯片为例对模数转换器件作简要介绍。

ADC0809 芯片是逐次逼近式 A/D 转换器，带有 8 位 A/D 转换器、8 路多路开关，是与微处理机兼容的控制逻辑的 CMOS 组件。它可以和单片机直接接口。ADC0809 由一个 8 路模拟开关、一个地址锁存与译码器、一个 A/D 转换器和一个三态输出锁存器组成。多路开关可选通 8 个模拟通道，允许 8 路模拟量分时输入，共用 A/D 转换器进行转换。三态输出锁存器用于锁存 A/D 转换后的数字量。当 OE 端为高电平时，才可以从三态输出锁存器取走转换完的数据。

2. ADC0809 芯片的使用

① 初始化。置 ST 信号和 OE 信号全为低电平。

② 选通转换通道。通过 A、B、C 端口设置相应地址。(本实验只转换一路信号，直接通过硬件设置)

③ 在 ST 端给出一个至少有 100 ns 宽的正脉冲信号。

④ 通过 EOC 信号判断是否转换完毕。

⑤ 当 EOC 变为高电平时，置 OE 为高电平，转换数据即输出至单片机。

3. 系统方案

电位器输出变化的模拟电压量，ADC0809 A/D 转换器采集电压并实现模数转换。单片机将收到的数据显示在数码管上。系统框图如图 3－9 所示。

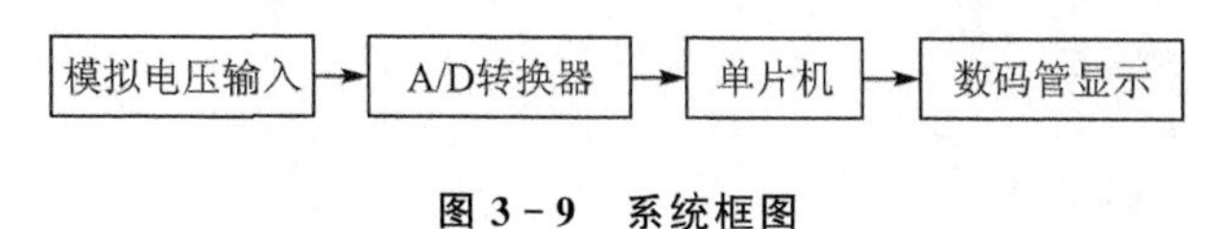

图 3－9　系统框图

3.4.3 系统流程与程序

由 3.4.2 小节系统分析可得如图 3－10 所示的系统流程图。

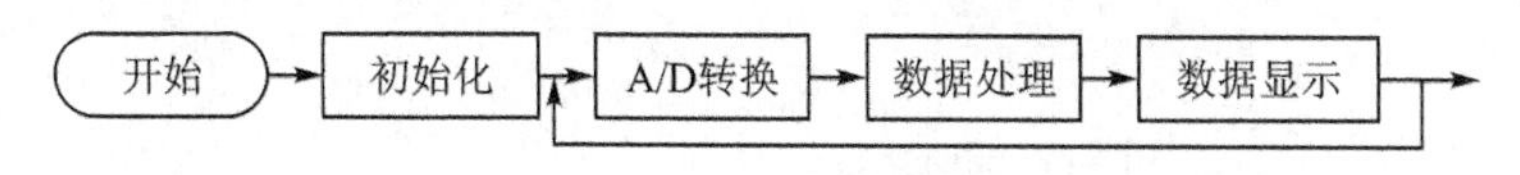

图 3－10　系统流程图

系统程序：

```
1  #include<reg51.h>
2  #include<intrins.h>
3  sbit OE = P2^1;
4  sbit ST = P2^2;
5  sbit EOC = P2^0;
6  sbit CLOCK = P2^4;
```

```
7   sbit C1 = P2^6;
8   sbit C2 = P2^7;
9   sbit Dp = P2^5;
10  table[10] = {0x40,0x79,0x24,0x30,0x19,0x12,0x02,0x78,0x00,0x10};
11  unsigned int data dis[3] = {0x00,0x00,0x00};
12  unsigned char getData;
13
14  //延时函数
15  void delay(int t)
16  {
17      int i,j;
18      for(i = 0;i<t;i ++ )
19      for(j = 0;j<50;j ++ );
20  }
21
22  //主函数
23  void main()
24  {
25      while(1)
26      {
27          TMOD = 0x02;
28          TH0 = 255;
29          TL0 = 255;
30          EA = 1;
31          ET0 = 1;
32          TR0 = 1;
33          OE = 0;
34          ST = 0;
35          ST = 1;
36          _nop_();
37          ST = 0;
38          delay(10);
39          if(EOC == 1)
40          {
41              OE = 1;
42              getData = P0;
43              OE = 0;
44              dis[1] = getData/51;
45              dis[2] = getData % 51;
46              dis[2] = dis[2] * 10;
47              dis[0] = dis[2]/51;
48              C1 = 0;
49              C2 = 1;
50              Dp = 0;
51              P1 = table[dis[1]];
52              delay(10);
53              C2 = 0;
```

```
54                C1 = 1;
55                Dp = 1;
56                P1 = table[dis[0]];
57            }
58        }
59    }
60
61    //中断函数
62    void t0(void) interrupt 1 using 0
63    {
64        CLOCK = ~CLOCK;
65    }
```

程序注释：

第 1～2 行：包含头文件，表示可以调用 AT89C51 单片机的寄存器定义和 intrins.h 文件里的函数。

第 3～9 行：位定义，定义要用到的各个 I/O 口。

第 3 行：定义 ADC0809 输出允许控制位。

第 4 行：定义 ADC0809 转换启动控制位。

第 5 行：定义电压是否转换完成的标志位。

第 6 行：定义时钟信号输入 I/O 口。

第 7～8 行：定义 P2.6，P2.7 口为两位数码管的片选信号控制位。

第 9 行：定义 P2.5 为小数点控制位。

第 10 行：定义共阳极数码管显示各个数字所对应的值。

第 11 行：转换后的电压值储存数组。

第 12 行：定义中间变量。

第 15～20 行：延时函数。

第 23～59 行：主函数，控制数码管的显示以及电压转换。

第 25 行：进入无限循环。

第 27 行：设置定时器 0 为工作方式 2。

第 28～29 行：为定时器 0 设置初值。

第 30 行：开总中断。

第 31 行：允许定时器 0 中断。

第 32 行：打开定时器 T0。

第 33 行：关闭 ADC0809 输出允许位。

第 34～38 行：ADC0809 转换启动，并延时等待 ADC0809 转换完成。

第 39 行：判断是否转换完成。如为 1，表示转换完成。

第 41 行：打开输出允许位。

第 42 行：把 ADC0809 的 8 位数字量输出赋值给变量 getData。

第 43 行：关闭输出允许位。

第 44～47 行：将电压转换为整数值，并存入数组 dis[]。

第 48 行：关闭第二位数码管。

第 49 行：打开第一位数码管。

第 50 行：打开小数点。

第 51 行：显示整数部分。

第 52 行：延时。

第 53 行：关闭第一位数码管。

第 54 行：打开第二位数码管。
第 55 行：关闭小数点。
第 56 行：显示小数部分。
第 62～65 行：定时器 0 中断函数，用以给 ADC0809 提供 500 kHz 的时钟信号。
第 64 行：时钟端取反。

3.4.4 仿真环境搭建

根据题目要求，系统仿真器件清单见表 3-6。这里使用的 A/D 转换器型号为 ADC0808。搭建本系统的仿真环境如图 3-11 所示。

表 3-6　系统仿真器件清单

序　号	器件类型	Proteus 关键字	数　量
1	AT89C51 单片机	AT89C51	1
2	A/D 转换器	ADC0808	1
3	两位数码管	7SEG-MPX2-CA	1
4	滑动变阻器	RES-VAR	1

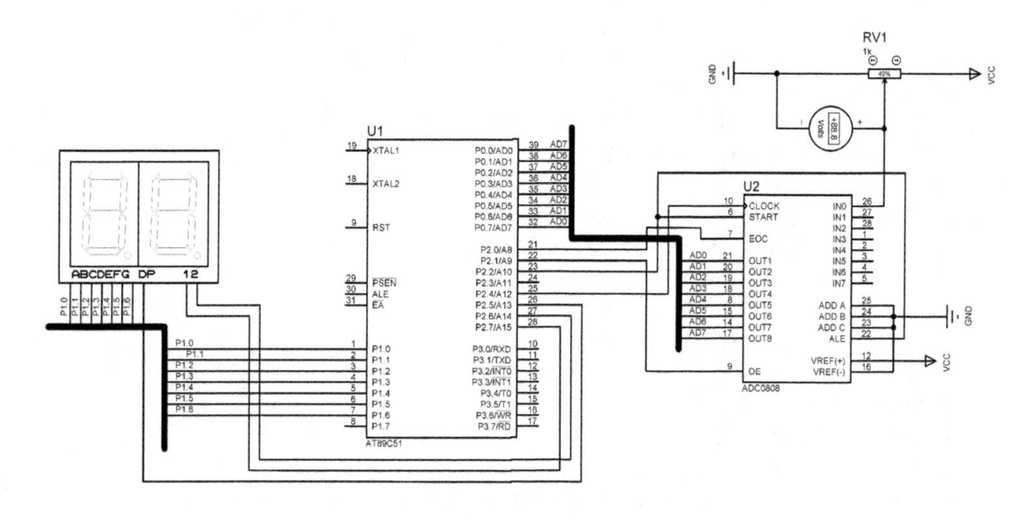

图 3-11　系统仿真电路图

3.4.5 测试运行

在图 3-11 中双击单片机模型，然后在弹出的 Edit Component 对话框的 Program File 项中载入所得到的 HEX 文件，并设置 Clock Frequency 为 12 MHz。单击 OK 按钮退出，然后启动即可开始仿真。

由于单片机 AT89C51 为 8 位处理器，当输入电压为 5 V 时，ADC0808 输出数据值为 255(FFH)，因此最高分辨率为 5 V/255＝0.019 6 V。图 3-12 所示为系统测试结果，显示为 2.9 V。

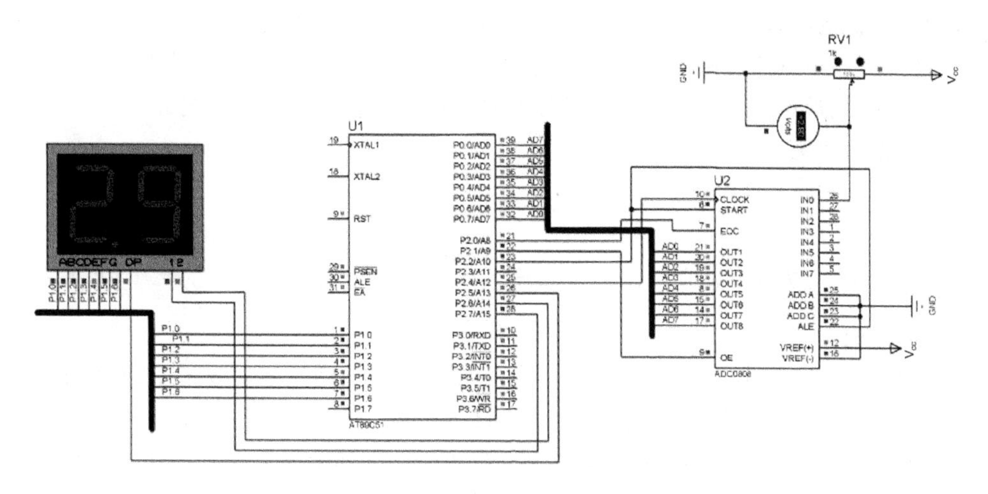

图 3-12 系统仿真测试结果图

3.4.6 小 结

系统按题目要求,完成了可变电压的测量与显示。这里有两点值得注意:

把数码管的小数点显示位 DP 和数码管的 P2.5 口相连,由该位单独控制小数点的亮灭。这样在定义数码管显示值的数组时,不必考虑小数点的问题,整数和小数部分使用同一数组即可;否则,需要为整数部分设置显示小数点的数组,为小数部分设置不显示小数点的数组。

ADC0808 芯片工作需要时钟信号。本系统中将 ADC0808 的时钟信号引脚和 AT89C51 的引脚相连,AT89C51 的中断定时器 T0 以工作方式 2 工作,为 ADC0808 提供 500 kHz 的时钟信号。这里通过软件的方式避免了使用 74LS74 等分频器件。

3.5 超声波测距系统

3.5.1 设计任务及要求

任务:采用单片机和超声波测距模块设计一个测距系统,能较准确地测量系统与障碍物的距离,并将所测距离显示在液晶屏上。

要求:通过本系统的设计,了解超声测距的原理,掌握超声波模块的编程使用;进一步熟悉单片机系统设计方法。

3.5.2 系统分析

1. 超声波测距原理

系统要求利用超声波测距模块设计测距系统。首先需要了解超声波测距原理。

超声波利用反射原理测量距离,被测距离一端为超声波传感器,另一端必须有能反射超声波的物体。测量距离时，将超声波传感器对准反射物发射超声波，并开始计时，超声波在空气中传播到达障碍物后被反射回来。传感器接收到反射脉冲后立即停止计时，然后根据超声波的传播速度和计时时间就能计算出两端的距离。

测量距离为

$$D = \frac{1}{2}ct$$

其中，c 为超声波的传播速度；$\frac{1}{2}t$ 为超声波从发射到接收所需时间的一半，也就是单程传播时间。

超声波在空气中传播时有相当的衰减，衰减程度与频率高低成正比，而频率高则分辨率也高。实际测量中，一般选用 40 kHz 的超声波。

超声波传播速度受传播媒介等多种因素的影响，其中温度变化是主要因素。超声波在空气中的传播速度与温度的关系可表示为

$$c = 331.4 \times \sqrt{1 + T/273} \approx 331.4 + 0.607T$$

其中，T 为环境温度，单位为℃；331.4 为 0 ℃的传播速度，单位为 ms。需要较高的测量精度时，进行温度补偿是最有效的措施。

本设计中，忽略了温度的影响，取超声波在空气中的传播速度为 340 m/s。

2. 超声波测距模块编程操作

本设计中使用的超声波测距模块外形如图 3－13 所示。4 个引脚分别为：1—V_{CC}电源；2—Trig 触发控制信号输入；3—Echo 应答信号输出；4—GND 接地。

图 3－13 一种超声波测距模块外形

其操作过程如下：

① 采用 Trig 端触发测距，给至少 10 μs 的高电平信号。

② 模块自动发送 8 个 40 kHz 的方波，自动检测是否有信号返回。

③ 有信号返回，通过 Echo 端输出一高电平。高电平持续的时间就是超声波从发射到返回的时间。之后利用公式计算距离。

3. 系统总体方案

系统主要是由单片机与超声波模块组成，以发射接收信号实现测距。在此过程中，AT89C51 单片机实现程序的控制。超声波模块主要负责接收信号和发射信号。

系统的总体框图如图 3－14 所示。仿真过程中，通过给 P2.7 加开关，以开关动作模拟测距返回的 Echo 信号。

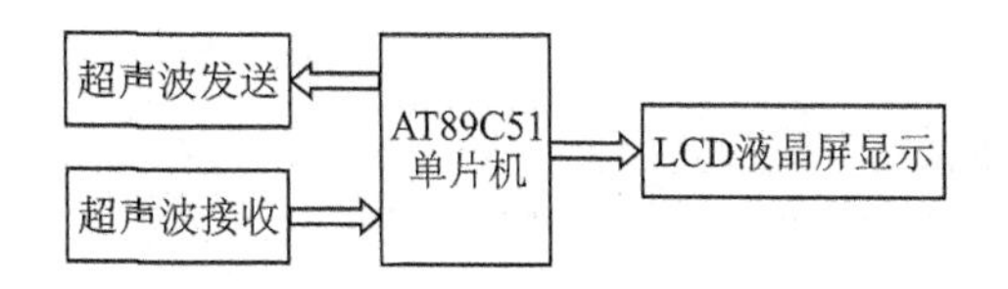

图 3-14　超声测距系统框图

3.5.3　系统流程与程序

根据系统分析，系统流程如图 3-15 所示。

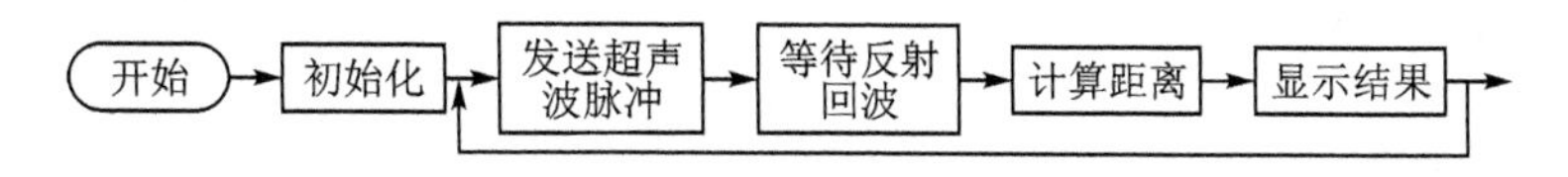

图 3-15　超声波测距系统流程图

系统程序：

```
1  #include<reg51.h>
2  #include <intrins.h>
3  sbit lcdrs = P3^5;
4  sbit lcdrw = P3^6;
5  sbit lcden = P3^7;
6  sbit Trig = P2^6;
7  sbit Echo = P2^7;
8  bit flag = 0 ;
9  unsigned char num[] = "0123456789";
10  unsigned char dis1[] = "The Distance is:";
11  unsigned char dis2[] = "Error!";
12  unsigned int distance;
13
14  // 延时函数
15  void delay(unsigned int z)
16  {
17      unsigned int x,y;
18      for(x = z;x>0;x--)
19      for(y = 400;y>0;y--);
20  }
21
22  // LCD 写指令函数
23  void lcdWriteCmd(unsigned char cmd)
24  {
25      lcdrs = 0;
26      P1 = cmd;
27      delay(1);
28      lcden = 1;
29      delay(1);
30      lcden = 0;
```

```
31  }
32
33   // LCD 写数据函数
34  void lcdWriteData(unsigned char dat)
35  {
36      lcdrs = 1;
37      P1 = dat;
38      delay(20);
39      lcden = 1;
40      delay(20);
41      lcden = 0;
42  }
43
44  // LCD 清屏函数
45  void clear()
46  {
47      lcdWriteCmd(0x01);
48      delay(5);
49  }
50
51  // LCD 初始化函数
52  void lcdInit()
53  {
54      lcden = 0;
55      lcdWriteCmd(0x38);
56      lcdWriteCmd(0x0f);
57      lcdWriteCmd(0x06);
58      clear();
59      lcdWriteCmd(0x80);
60  }
61
62  // LCD 显示距离函数
63  void lcdDisplay(unsigned int temp)
64  {
65      unsigned int i;
66      for(i = 0;i<17;i++)
67      {
68          lcdWriteData(dis1[i]);
69      }
70      lcdWriteCmd(0x80 + 0x41);
71      lcdWriteData(num[temp/100]);
72      lcdWriteData(num[temp/10 % 10]);
73      lcdWriteData(num[temp % 10]);
74      lcdWriteData('c');
75      lcdWriteData('m');
76      delay(400);
77      clear();
```

```
78  }
79
80  // 超声波测距启动函数
81  void start()
82  {
83      int i;
84      Trig = 1;
85      for(i = 0;i<20;i ++ )
86      {
87          _nop_();
88      }
89      Trig = 0;
90  }
91
92  // 距离计算与显示函数
93  void count()
94  {
95      unsigned int i,distance,falseValue,time,timeH,timeL;
96      timeH = TH0;
97      timeL = TL0;
98      TH0 = 0;
99      TL0 = 0;
100     time = timeH * 256 + timeL;
101     distance = time * 1.7/100;
102     if(distance<10||distance>200||flag == 0)
103     {
104         flag = 1;
105         falseValue = 888;
106         lcdWriteCmd(0x80);
107         for(i = 0;i<7;i ++ )
108         {
109             lcdWriteData(dis2[i]);
110         }
111         delay(200);
112         clear();
113         lcdDisplay(falseValue);
114     }
115     else
116     {
117         lcdDisplay(distance);
118     }
119 }
120
121 //主函数
122 void main()
123 {
124     lcdrw = 0;
```

```
125     while(1)
126     {
127         lcdInit();
128         TMOD = 0x11;
129         TH0 = 0;
130         TL0 = 0;
131         Trig = 0;
132         Echo = 0;
133         start();
134         while(! Echo);
135         TR0 = 1;
136         while(Echo);
137         TR0 = 0;
138         count();
139         delay(120);
140     }
141 }
```

程序注释：

第 1～2 行：包含头文件，表示可以调用 AT89C51 单片机的寄存器定义和 intrins.h 头文件里的函数。

第 3～7 行：定义实验中所要用到的 I/O 口。

第 3 行：定义 LCD 寄存器选择位。高电平时选择数据寄存器，低电平时选择指令寄存器。

第 4 行：定义 LCD 读写信号位。高电平时读操作，低电平时写操作。

第 5 行：定义 LCD 使能端。

第 6 行：定义超声波信号触发端。

第 7 行：定义应答端。

第 8 行：定义标志位。

第 9～11 行：定义 LCD 显示所需数据数组。

第 12 行：定义测量距离值变量。

第 15～20 行：延时函数

第 23～31 行 LCD 写入指令函数，用来给 LCD 输入指令。

第 25 行：选择 LCD 指令寄存器。

第 26 行：从 P1 口输入指令。

第 27、29 行：延时。

第 28 行：使能 LCD 的 EP 端。

第 30 行：禁止 EP 端。

第 34～42 行：LCD 写入数据函数，用来给 LCD 输入要显示的数据。

第 36 行：选择 LCD 数据寄存器。

第 37 行：从 P1 口输入数据。

第 38、40 行：延时等待。

第 39 行：使能 LCD 的 EP 端。

第 41 行：禁止 EP 端。

第 43 行：调用写指令函数输入清屏指令。

第 44 行：延时。

第 45～49 行：LCD 清屏函数，清除当前 LCD 液晶显示器上显示的内容。

第 52～60 行：LCD3 初始化函数。

第 54 行：禁止 EP 端。

第 55 行：调用写指令函数，设置 16×2 显示，5×7 点阵，8 位数据接口。

第 56 行：调用写指令函数，开显示，光标闪烁，显示光标。

第 57 行：调用写指令函数，当写入一个字符后，地址加 1，画面不动。

第 58 行：调用清屏函数。

第 59 行：调用写指令函数，设置为在第一行显示。

第 63～78 行：距离数据处理及显示控制函数。对测得的数据进行处理，并显示。

第 65 行：定义局部无符号整型变量。

第 66～69 行：调用数据显示函数，在 LCD 的第一行输入"The Distance is:"。

第 70 行：将光标移入第二行。

第 71～73 行：将 temp 存储值进行格式转换并在 LCD 上显示。

第 74～75 行：调用数据显示函数，在 LCD 上输出“cm”。

第 76 行：延时。

第 77 行：清屏。

第 81～90 行：超声波测距启动函数

第 83 行：定义循环变量。

第 84 行：启动发出超声波信号。

第 85～88 行：精确延时。

第 89 行：置为低电平。

第 93～119 行：超声波所测距离计算与显示函数。对得到的数据进行处理换算，转换为需要的距离。

第 95 行：定义无符号整型变量。

第 96 和第 97 行：提取 T0 寄存器的值。

第 98 和第 99 行：T0 寄存器初值赋 0。

第 100 行：计算超声波信号从发送和接收之间的时间差。

第 101 行：计算所测距离。单位为厘米，距离 $distance = Time \times 340/2 \times 10^{-6} \times 10^{2}$。

第 102 行：如果所测距离小于 10 或者大于 200 或者标志位 flag 为 0，则执行 if 语句内的指令。

第 104 行：标志位 flag 置 1。

第 105 行：初始化 falseValue 为 888。

第 106 行：调用写入命令函数，将光标定位在第一行首位。

第 107～110 行：显示 Error!。

第 111 行：延时。

第 112 行：调用清屏函数。

第 113 行：调用数据处理及显示控制函数，在 LCD 上显示 888。

第 115 行：若距离在 10～200 之间且 flag=1 则执行 else 内的指令。

第 117 行：显示所测得的距离 。

第 122～141 行：主函数，控制超声波模块的数据采集和 LCD 的数据显示。

第 124 行：使能 LCD 的写操作。

第 125 行：进入无限循环。

第 127 行：初始化 LCD。

第 128 行：设 T0 为方式 1，16 位计数器。

第 129、130 行：定时器 T0 初值赋 0。

第 131 行：初始化超声波信号采集 I/O 口。

第 132 行：初始化按键控制 I/O 口。（实物连接时，连接超声波测距模块的应答端。）

第 133 行：启动测距。

第 134 行：当 Echo=0 时等待。

第 135 行：当 Echo = 1 时启动计数。
第 136 行：当 Echo = 1 时一直计数。
第 137 行：当 Echo = 0 时关闭计数。
第 138 行：计算距离。
第 139 行：延时。

3.5.4 仿真环境搭建

根据题目要求，系统仿真所需的器件清单见表 3－7。搭建本系统的仿真环境如图 3－16 所示。

表 3－7　系统仿真所需器件清单

序　号	器件名称	Proteus 关键字	数　量
1	AT89C51	AT89C51	1
2	LCD 液晶显示屏	LM016L	1
3	按键	BUTTON	1
4	发光二级管	LED	1
5	滑动变阻器	RES－VAR	1

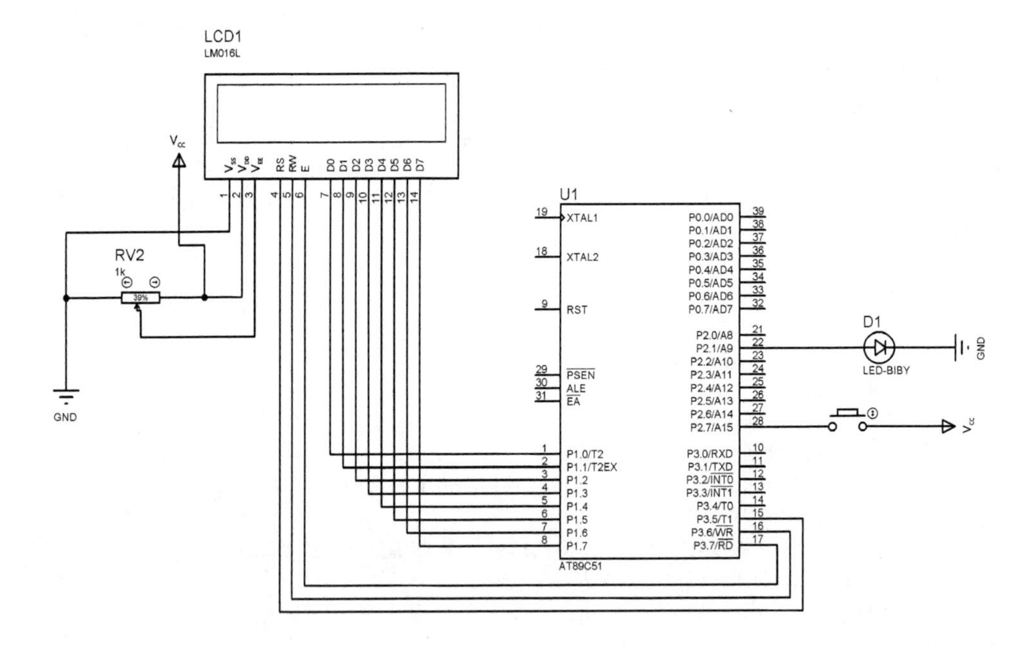

图 3－16　系统仿真电路图

3.5.5 测试运行

仿真测试中，试图通过按键来模拟接收超声波反射回波的效果。由于按下按键的时间长，会超出测量范围，因此在液晶屏上只能显示出程序设计的“888”和

“Error!”。如果实际接入测距模块，则在测距范围内可得到正确的显示结果。

仿真测试结果如图 3－17 所示。

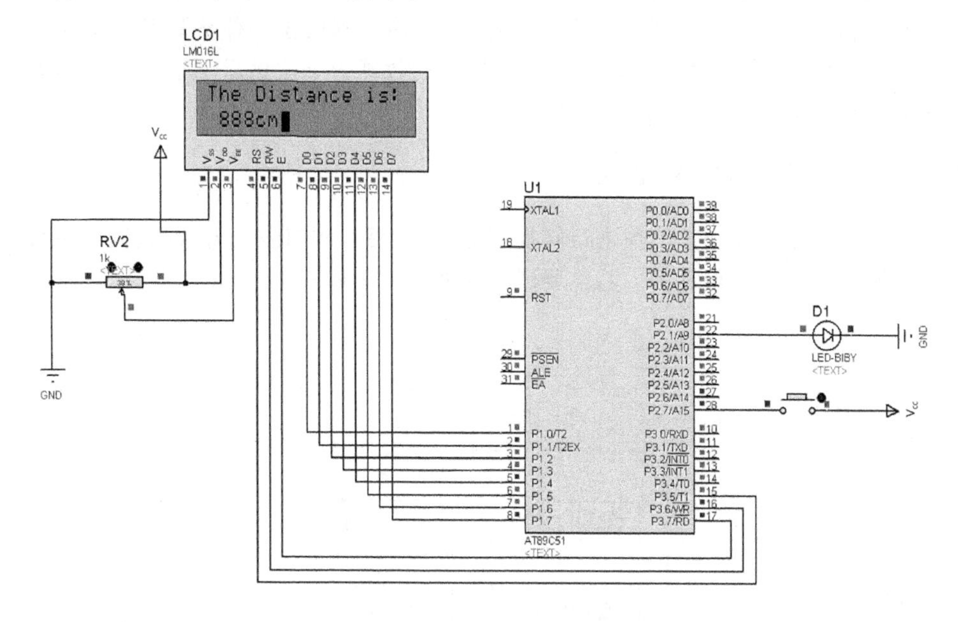

图 3－17　仿真系统测试结果

3.5.6　小　结

仿真过程中，通过给 P2.7 加开关，模拟测距返回的 Echo 信号。这在一定程度上突破仿真软件没有系统所使用器件模型的局限性。因为时间过长，对应实际测量范围之外，所以总显示程序设置的错误信息。仿真主要用于测试系统其他部分。在硬件制作过程中，连接上测距模块后，可进一步检测距离计算与显示的准确性。

3.6　单片机双机通信设计

3.6.1　设计任务及要求

任务：设计单片机双机通信系统，实现 A 机和 B 机的全双工通信，并分别用两位数码管显示发送数据和接收数据。

要求：通过本系统的设计，掌握单片机串口通信原理和单片机双机通信编程实现；进一步熟悉单片机系统设计方法。

3.6.2　系统分析

本系统设计所涉及的串口通信原理，在 2.10 节中已阐述过，不再赘述。

基本系统设计方案确定如下：

用拨码开关设置发送值，即利用单片机的串行口发送其值，另一单片机接收该值。发送和接收的数据分别通过单片机的 P0 口输出到两位一体数码管对应位上显示。例如，发送单片机输入 1，则在本机上连接的数码管十位显示 1，接收单片机在其连接的数码管个位显示 1。反之亦然。

3.6.3　系统流程与程序

单片机首先接收开关值并进行转换与显示，之后经串口发送开关值；同时也接收串口数据并进行转换与显示。其主要流程如图 3－18 所示。

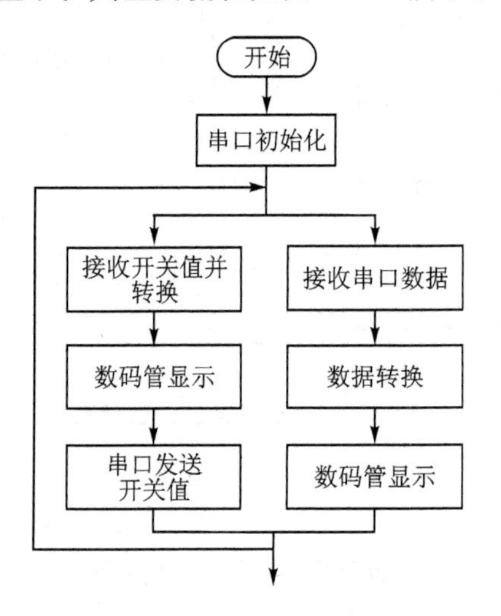

图 3－18　系统流程图

系统程序：

```
1   #include<reg51.h>
2
3   sbit wei1 = P2^0;
4   sbit wei2 = P2^1;
5
6   unsigned char code table1[] = {
7                         0xC0, 0xF9, 0xA4, 0xB0,
8                         0x99, 0x92, 0x82, 0xF8,
9                         0x80, 0x90, 0x88, 0x83,
10                         0xC6, 0xA1, 0x86, 0x8E
11                         };
12
13  unsigned char temp = 0;
14
15  //串口初始化函数
16  void init(void)
17  {
```

```
18        PCON  = 0x80;
19        SCON  = 0x90;
20        ES = 1;
21        EA = 1;
22    }
23
24    //延时函数
25    void delay(unsigned int ms)
26    {
27        unsigned int i;
28        unsigned char j;
29        for(i = ms; i>0; i--)
30            for(j = 110; j>0; j--);
31    }
32
33    //显示发送数据函数
34    void displaySend(unsigned char dat)
35    {
36        P2 = 0x00;
37        wei1 = 1;
38        P0 = table1[dat];
39        delay(10);
40        wei1 = 0;
41    }
42
43    //显示接收数据函数
44    void displayRcv(unsigned char dat)
45    {
46        P2 = 0x00;
47        wei2 = 1;
48        P0 = table1[0 + dat];
49        delay(10);
50        wei2 = 0;
51    }
52
53    //数据格式转换函数
54    unsigned char transfer(unsigned char dat)
55    {
56        unsigned char endData = 0;
57        endData = dat % 16;
58        return endData;
59    }
60
61    //主函数
62    void main(void)
63    {
64        init();
65        while(1)
66        {
67            temp = transfer(P1);
68            displaySend(temp);
```

```
69              SBUF = P1;
70              while(!TI)
71              {
72                  SBUF = P1;
73              }
74              TI = 0;
75              temp = SBUF;
76              while(! RI)
77              {
78                  temp = SBUF;
79              }
80              RI = 0;
81              temp = transfer(temp);
82              displayRcv(temp);
83          }
84  }
```

程序注释：

第 1 行：头文件包含。
第 3～4 行：定义控制数码管所需的 I/O 口。定义数码管的位选端。
第 6～11 行：共阳极数码管编码表，包含十六进制数 0～F。
第 13 行：定义中间临时变量。
第 16～22 行：串口工作方式初始化函数。
第 18 行：SMOD = 1，波特率增加 1 倍。
第 19 行：串行口为工作方式 2，开接收中断。
第 20 行：开串口中断。
第 21 行：开总中断。
第 25～31 行：延时函数
第 34～41 行：显示发送数据函数。
第 36 行：关闭位选，消除已有显示。
第 37 行：选通位选 1。
第 38 行：查表发送要显示的数据。
第 39 行：延时等待。
第 40 行：关闭位选 1。
第 44～51 行：显示接收数据函数。
第 46 行：关闭位选，消除已有显示。
第 47 行：选通位选 2。
第 48 行：查表发送要显示的数据。
第 49 行：延时等待。
第 50 行：关闭位选 2。
第 54～59 行：数据格式转换函数。
第 56 行：定义一个临时局部变量，存储返回值。
第 57 行：对 16 求余，得到 0～F 的数据，因为输入的数据范围是 0～F。
第 58 行：返回转换后得到的十进制数。
第 62～84 行：主函数。
第 64 行：初始化串口。
第 65 行：进入一直循环。
第 67 行：转换 P1 口数据。
第 68 行：显示待发送的数据。

第 69 行：将 P1 的值送入发送缓冲区。
第 70 行：判断上次是否发送完毕，若完毕，则清除发送标志位。
第 72 行：将 P1 的值送入发送缓冲区。
第 74 行：清除发送中断标志位。
第 75 行：从缓冲区取数据，即接收数据。
第 76 行：判断是否接收完毕，若接收完，则清接收标志。
第 78 行：读取接收缓冲区中的数据。
第 80 行：清除接收中断标志位。
第 81 行：转换接收到的数据。
第 82 行：显示转换后的接收数据。
第 83 行：while 循环结束。
第 84 行：main 主函数结束。

3.6.4　仿真环境搭建

根据题目要求，系统仿真所需的器件清单见表 3-8。搭建的系统仿真环境如图 3-19 所示。

表 3-8　系统仿真所需器件清单

序　号	器件名称	Proteus 关键字	数　量
1	ATC89C51	AT89C51	2
2	拨码开关	DIPSWC_8	2
3	电阻	RES	4
4	两位一体共阳极数码管	7SEG-MPX2-CA-BLUE	2
5	三极管	NPN	4

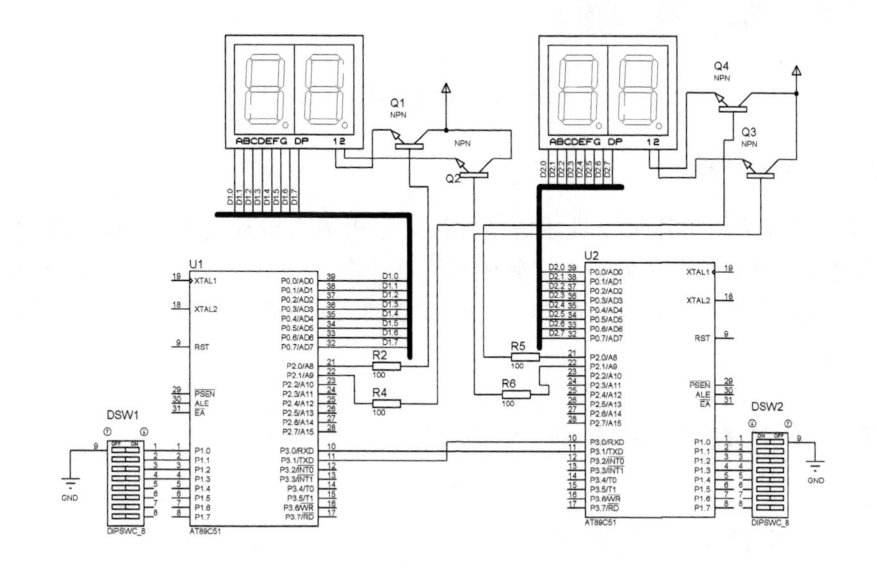

图 3-19　系统仿真电路图

3.6.5　测试运行

仿真系统测试结果如图 3－20 所示。左侧单片机设置发送数字 2,在其连接的数码管十位显示 2,右侧单片机接收数据并在数码管个位显示 2;右侧单片机设置发送数字 0,在其连接的数码管十位显示 0,左侧单片机接收数据并在数码管个位显示 0。

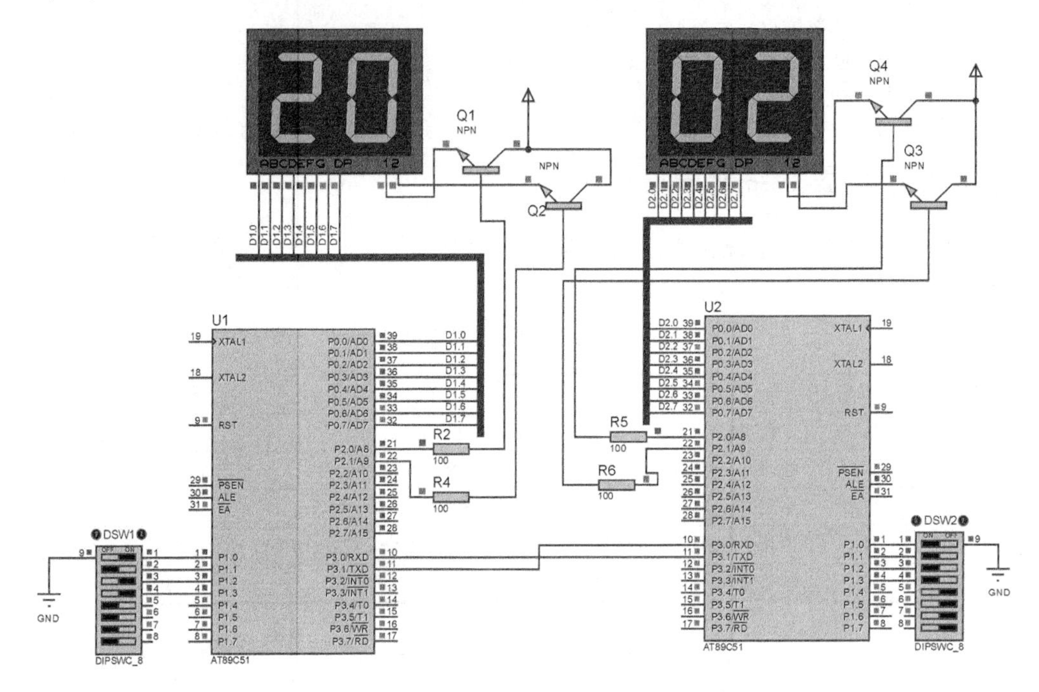

图 3－20　系统测试结果图

3.6.6　小　结

本设计完成了单片机双机通信系统设计。因为进行通信的两个单片机距离很近,未考虑电平转换的问题。在实际的系统设计中,应当考虑数据传输的稳定性及距离要求,需使用相应的电平转换芯片,如 MAX232、MAX485 等。这在具体设计中可尝试应用。

3.7　单片机控制直流电动机

3.7.1　设计任务及要求

任务：利用单片机控制直流电动机,完成直流电动机的正反转控制和速度控制。

要求：通过本系统的设计，了解直流电动机的控制原理并掌握其编程方法；进一步熟悉单片机系统设计方法。

3.7.2　系统分析

1. 直流电动机及其控制

直流电动机是最常见的一种电机。与交流电动机相比，直流电动机结构复杂，成本高，运行维护困难。但是直流电动机具有良好的调速性能、较大的启动转矩和过载能力，因此在很多行业中仍有应用。

直流电动机有两个引脚，当引脚间没有电平差时，电动机不动；有电平差时，电动机即可转动；当改变电平差的方向时，电动机即可朝相反的方向转动。

随着计算机进入控制领域以及新型的电子功能元器件的不断出现，采用全控型的开关功率元件进行脉宽调整已经成为直流电动机新的调速方式。脉冲宽度调制(Pulse Width Modulation，PWM)是通过控制固定电压的直流电源开关频率，改变负载两端的电压，从而达到控制要求的一种电压调制方法。在 PWM 驱动控制的调速系统中，按一个固定的频率来接通和断开电源，并且根据需要可改变一个周期内“接通”和“断开”时间的长短。通过改变直流电动机电压的占空比来达到改变平均电压大小的目的，从而起到控制电动机转速的效果。

PWM 占空比如图 3－21 所示。设电动机始终接通电源时其转速最大为 V_{max}，占空比为 $d=t_1/T$，则电动机的平均速度为 $V=V_{max}\times d$。由此可知，当改变占空比 d 时，可以得到不同的电动机平均速度，从而达到调速的目的。严格讲，平均速度和占空比并不是线性的，但在一般应用中，可近似地将其看成线性关系。

2. 直流电动机驱动

设计采用 L298N 驱动芯片。L298N 内部包含 4 通道逻辑驱动电路，是一种二相和四相电动机的专用驱动器，内含两个 H 桥的高电压大电流双全桥式驱动器，接收标准 TTL 逻辑电平信号，可驱动 46 V、2 A 以下的电动机。其外形如图 3－22 所示，引脚排列如图 3－23 所示。

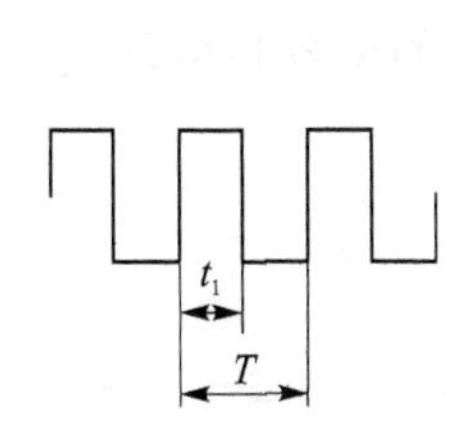

图 3－21　PWM 的占空比示意图

图 3－22　L298N 外形图

L298N 可驱动两个电动机，OUT1、OUT2 和 OUT3、OUT4 之间分别接电动机。

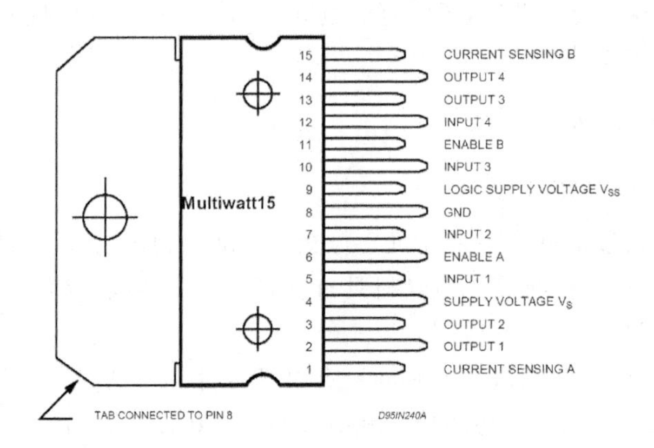

图 3-23 L298N引脚排列图

5、7、10、12脚接输入控制电平，控制电动机的正反转。ENA、ENB接控制使能端，控制电动机的停转。1脚和15脚可单独引出连接电流采样电阻器，形成电流传感信号。

L298N的逻辑功能如表3-9所列。

表 3-9 L298N的逻辑功能

ENA(B)	INl(IN3)	IN2(IN4)	电机运行情况
H	H	L	正转
H	L	H	反转
H	同IN2(IN4)	同INl(IN3)	快速停止
L	X	X	停止

由于电动机在正常工作时对电源的干扰很大，只用一组电源时会影响单片机的正常工作。所以实际应用中最好选用双电源供电：一组5 V电源给单片机和控制电路供电，另外一组5 V、9 V电源给L298N的+VSS、+VS供电。在控制部分和电动机驱动部分之间用光耦隔开，以免影响控制部分电源的品质。

3. 系统方案

本系统选用L298驱动芯片驱动直流电动机的转动，通过定时器模拟PWM波形，并通过占空比控制驱动芯片使能引脚EN来控制电动机的转动速度。系统采用外部中断方式扫描按键来控制电动机的转动方向。

3.7.3 系统流程与程序

该系统设计程序控制直流电动机的转速和正/反向转动，即通过定时器模拟PWM控制直流电动机的转速，且由按键配合外部中断方式控制电动机的转向。系统的基本流程如图3-24所示。

系统程序：

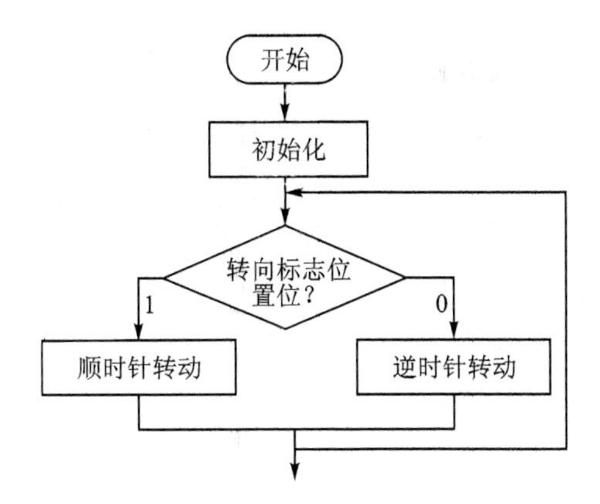

图 3-24　系统流程图

```
1   #include<reg51.h>
2   #define uchar unsigned char
3   #define uint unsigned int
4   #define DutyCycle 90      // must be in [0,100]
5
6   sbit R = P2^1;
7   sbit L = P2^0;
8   sbit PWM = P2^2;
9
10  bit flag = 1;
11  uchar dida = 0;
12
13  // 控制电动机顺时针转动函数
14  void turnClockwise()
15  {
16      R = 1;
17      L = 0;
18  }
19
20  // 控制电动机逆时针转动函数
21  void turnAntiClockwise()
22  {
23      R = 0;
24      L = 1;
25  }
26
27  // 初始化函数
28  void init()
29  {
30      TMOD = 0x01;
31      ET0 = 1;
32      TR0 = 1;
```

```
33
34      IT0 = 1;     //边沿触发方式
35      EX0 = 1;
36      EA = 1;
37      PWM = 1;
38  }
39
40  // 主函数
41  void main()
42  {
43      init();
44      while(1)
45          if(flag)
46              turnAntiClockwise();
47          else
48              turnClockwise();
49  }
50
51  // 外部中断 0 的中断服务函数
52  void ex0() interrupt 0
53  {
54      flag = ! flag;
55  }
56
57  // 定时器 0 中断服务函数
58  void time_0() interrupt 1
59  {
60      TH0 = (65536 - 1000)/256;
61      TL0 = (65536 - 1000) % 256;
62      dida ++ ;
63      if(dida >= DutyCycle)
64          PWM = 0;
65      else
66          PWM = 1;
67      if(dida == 100)
68          dida = 0;
69  }
```

将如上程序代码装载到 Keil 中，编译和连接后即可生成相应的 HEX 文件。

程序注释：

第 1 行：头文件包含。

第 2～3 行：无符号数据的宏定义。

第 4 行：宏定义，定义直流电动机的占空比，该值应该在 0 到 100 之间的某一个数 X，占空比为 X%。

第 6～8 行：位定义。“R”和“L”分别表示电动机的两个端口，“PWM”表示脉宽调制端口。

第 10 行：电机顺时针或逆时针转动的标志位定义。flag = 1 表示顺时针转动；否则，为逆时针转动。

第 11 行：软件计数变量定义。dida 在定时器 0 的中断服务子程序中用到。
第 14～18 行：电动机顺时针转动函数。
第 19～23 行：电动机逆时针转动函数。
第 28～38 行：寄存器及变量初始化程序。
第 30 行：定义定时器 0 工作在方式 1。
第 31 行：使能定时器 0 中断。
第 32 行：开启定时器。
第 34 行：表明外部中断 0 为边沿触发方式。当 P3.2 口的电平由高向低跳变时即产生中断。
第 35 行：使能外部中断 0。
第 36 行：使能总中断。
第 37 行：初始化 PWM 开始输出高电平。
第 41～49 行：主函数。
第 43 行：调用初始化函数。
第 44 行：一直循环。
第 45～49 行：通过 flag 的取值控制电机的顺时针或逆时针转动方向。
第 52～55 行：外部中断 0 的中断服务函数。
第 54 行：flag 标志位取反，表示按下按键即改变电机的转动方向。
第 58～69 行：定时器 0 的中断服务函数。
第 60～61 行：给定时中断赋初值，每隔 1ms 中断一次。
第 62 行：软件计数变量自加。
第 63～60 行：改变“PWM”口的电平，获得 PWM 波形。这里设置 PWM 占空比为固定的 90％。
第 67～68 行：一个 PWM 周期完成后，软件计数变量清零。

3.7.4　仿真环境搭建

根据题目要求，系统仿真所需的器件清单见表 3-10。选择好元器件后即可搭建本系统的仿真环境，如图 3-25 所示。在面板的空白处单击右键，选择 place→Text Script 即可编辑文本，对某一元件的功能等进行进一步的解释。

表 3-10　系统仿真所需器件清单

序　号	元器件	Proteus 关键字	数　量	序　号	元器件	Proteus 关键字	数　量
1	AT89C51 单片机	AT89C51	1	3	L298 驱动芯片	L298	1
2	直流电动机	MOTOR	1	4	按钮	BUTTON	1

3.7.5　测试运行

在图 3-20 中双击单片机器件，然后在弹出的 Edit Component 对话框的 Program File 项中载入所得到的 HEX 文件，单击 OK 按钮退出，然后启动即可开始仿真。单击图 3-20 中的启停键即可看到电动机转动，转向控制按键控制着电动机的转动方向。改变源程序第 4 行的占空比值，然后重新编译和加载，即可改变电动机的转动速度，在仿真环境中可明显地看出转动的快慢变化。

3.7.6　小　结

系统实现了单片机直流电动机的控制，并在 Proteus 7.7 中仿真实现。

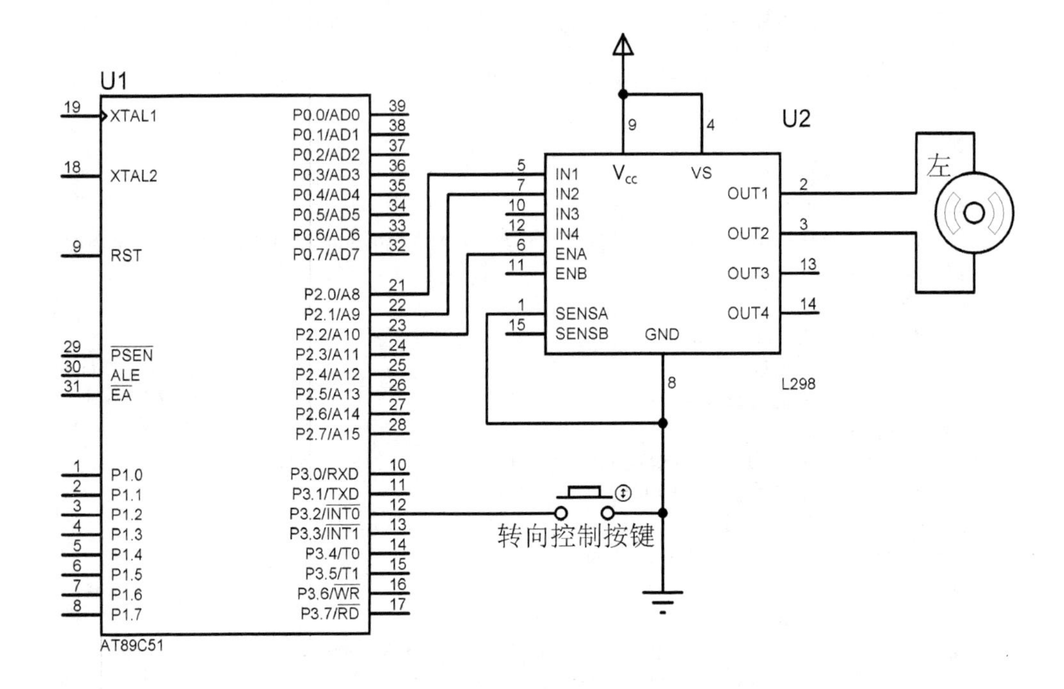

图3-25　单片机控制直流电机仿真环境搭建

为进一步实现精准控制，需加入其他算法，如基于PID的直流电动机调速系统等。此外，硬件上可通过更大功率的驱动芯片或L298芯片的两路级联等方法获得更好的驱动效果。

3.8　单片机控制步进电动机

3.8.1　设计任务及要求

任务：利用单片机控制二相四线(5 V)步进电动机，完成通过一个按键实现步进电动机的起停控制，并以两个按键实现步进电动机的调速控制且速度变化明显。其中，速度分为3级，0级最低，2级最高。

要求：通过本系统的设计，了解步进电动机的控制原理并掌握其编程控制方法；进一步熟悉单片机系统设计方法。

3.8.2　系统分析

1. 步进电动机原理及其控制

步进电动机是将给定的电脉冲信号转变为角位移或线位移的开环控制元件。给定一个电脉冲信号，步进电动机转子就转过相应的角度，这个角度称作该步进电动机的步距角。目前常用步进电动机的步距角大多为 1.8°(俗称一步)或 0.9°(俗称半步)。以步距角为 0.9°的进步电动机来说,当给步进电动机一个电脉冲信号,步进电动机就转过 0.9°;给两个脉冲信号,步进电动机就转过 1.8°。以此类推,连续给定脉冲信号,步进电动机就可以连续运转。

本系统选用的是二相四线步进电动机(5 V),其逻辑功能图如图 3-26 所示。

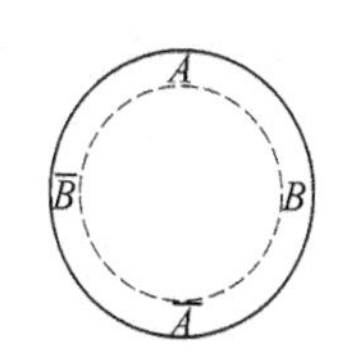

图 3-26　步进电动机逻辑功能图

该电动机可工作于单拍和单双拍混合两种模式下。分别给 A、B、$\overline{A}$ 和 $\overline{B}$ 不同的控制信号,可得到不同的效果。以单拍模式为例,正转则分别给 A、B、$\overline{A}$ 和 $\overline{B}$ 循环供电,反转则分别给 A、$\overline{B}$、$\overline{A}$ 和 B 循环供电。但是,一般情况下单拍模式转动时相角过度少,转动角度大,转动不连贯。为让步进电动机较连贯地转动,一般设计成单双拍混合模式。表 3-11 列出了两相四线步进电动机单双拍混合模式下正向转动(顺时针方向)时 P2 口的控制数据(P2 口的高 4 位未参与控制该电动机,设其值为 0)。

表 3-11　两相四线步进电动机正转转序图

工作模式	转　序	B(P2.3)	$\overline{A}$(P2.2)	$\overline{B}$(P2.1)	A(P2.0)	P2 口输出值
二相四线步进电动机单双拍混合模式	A	0	0	0	1	0x01
	AB	1	0	0	1	0x09
	B	1	0	0	0	0x08
	$B\overline{A}$	1	1	0	0	0x0c
	$\overline{A}$	0	1	0	0	0x04
	$\overline{A}\overline{B}$	0	1	1	0	0x06
	$\overline{B}$	0	0	1	0	0x02
	$\overline{B}A$	0	0	1	1	0x03

2. 步进电动机驱动

设计采用 ULN2003 作为步进电动机的驱动芯片。ULN2003 是由 7 路高电流达林顿阵列共用发射极组成的驱动芯片,它工作电压高、温度范围宽,并且带负载能力强。每路驱动器的平均输出可达 500 mA,最大可到 600 mA。还可通过级联增加驱动能力。其引脚排列如图 3-27 所示。

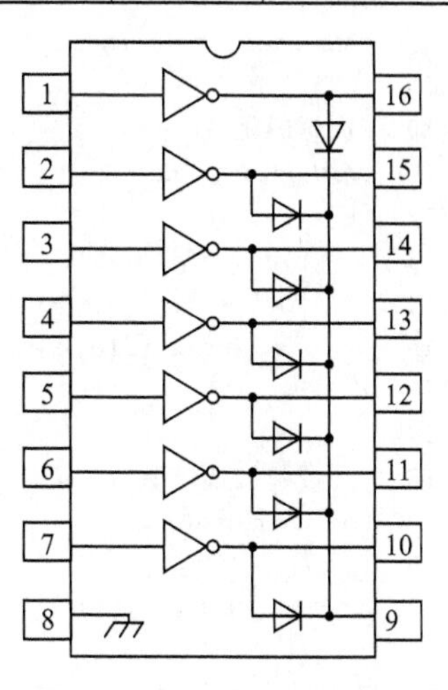

图 3-27　ULN2003 引脚图

在使用中,9 号引脚公共端一般接电源正极。需要注意的是,随着输入脉冲的占空比及输出路数的增加,允许的输出电流随之降低,即电路的输出路数的增加会导致其驱动能力的下降。

3. 系统方案

系统以 AT89C51 作为主控制器。按照设计任务需要 3 个按键，系统采用循环监测法扫描按键，分别将单片机的 P1.5 口接减速按键，P1.6 口接加速按键，P1.7 口接启停按键。此外，单片机的 P2.0 接步进电动机的 A 端控制信号，P2.2 接 $\overline{A}$ 的控制信号，P2.3 接 B 的控制信号，P2.1 接 $\overline{B}$ 的控制信号，步进电动机工作于单双拍混合模式。

3.8.3　系统流程与程序

该设计控制步进电动机的转速和转向。设置 3 个按键，分别控制电动机的启停、加速挡位和减速挡位；电动机的转速由延时长短决定，步进电动机的转向由相序表决定。系统基本流程如图 3-28 所示。

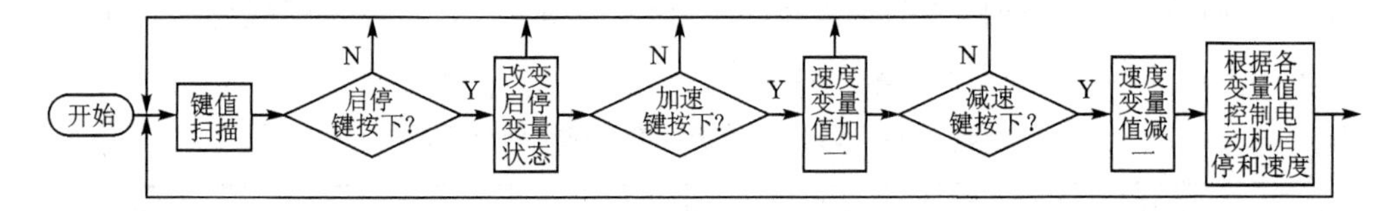

图 3-28　系统流程图

系统程序：

```
1  #include<reg51.h>
2  #define uchar unsigned char
3  #define uint unsigned int
4  #define Motor(x)    {P2 &= 0xF0;P2 |= x;}
5
6  uchar code ptable[] = {0x01,0x09,0x08,0x0c,0x04,0x06,0x02,0x03,0x00};
7  uchar code ntable[] = {0x01,0x03,0x02,0x06,0x04,0x0c,0x08,0x09,0x00};
8  uchar start = 0, speed = 0;
9
10  // 延时函数
11  void delay(uint i)
12  {
13      uint j,k;
14      for(j = i;j>0;j--)
15          for(k = 110;k>0;k--);
16  }
17
18  // 按键扫描函数
19  void keyScan()
20  {
21      if (P1 != 0xff)
22      {
23          delay(10);
```

```
24          if (P1 != 0xff)
25          {
26              switch(P1)
27              {
28                  case 0x7f:
29                      start = ~start;
30                      break;
31                  case 0xbf:
32                  {
33                      if(speed < 2)
34                          speed++;
35                      else
36                          speed = 2;
37                  }
38                      break;
39                  case 0xdf:
40                  {
41                      if(speed > 0)
42                          speed--;
43                      else
44                          speed = 0;
45                  }
46                      break;
47                  default:
48                      break;
49              }
50              while(P1!= 0xff);
51          }
52      }
53  }
54
55  // 控制步进电动机函数
56  void controlMotor()
57  {
58      uchar i;
59      keyScan();
60      if (start)
61      {
62          for(i = 0; i <= 8; i++)
63          {
64              Motor(ntable[i]);
65              delay(speed + 1);
66          }
67      }
68  }
69
70  // 主函数
```

```
71  void main()
72  {
73      while(1)
74      controlMotor();
75  }
```

将如上程序代码装载到 Keil 中，编译和连接后即可生成相应的 HEX 文件。

程序注释：

第 1 行：头文件包含。
第 2～3 行：无符号数据的宏定义。
第 4 行：宏定义，给步进电动机赋转序值。
第 6～7 行：步进电动机正转和反转的转序表。
第 8 行：启停键和速度键的标志位定义。
第 11～16 行：延时函数。
第 19～53 行：按键扫描函数。
第 21 行：判断是否有键按下。
第 23 行：延时消抖。
第 24 行：确定是否有键按下。
第 26 行：判断是哪个键按下。
第 28～30 行：如启停键按下，则 start 标志位取反。
第 31～38 行：如加速键按下，若速度等级大于或等于 2 级（最高速度等级），则让其等于 2 级；否则，速度等级加 1。
第 39～45 行：如减速键按下，若速度等级小于或等于 0 级（最低速度等级），则让其等于 0 级；否则，速度等级减 1。
第 50 行：等待按键释放。
第 56～68 行：控制步进电动机函数。
第 59 行：调用按键扫描函数，获取启停和速度状态。
第 60 行：判断是否启动步进电动机（start 为 1 表示启动，start 为 0 表示停止）。
第 62～66 行：循环给步进电动机赋某一方向转动的转序值。
第 64 行：调用第 4 行的宏定义给步进电动机赋某一特定的转序值。
第 65 行：延时。延时的长短决定步进电动机转动的快慢。延时函数的参数与速度级别 speed 有关。
第 71～75 行：主函数。
第 73 行：一直循环。
第 74 行：调用控制步进电动机函数，对步进电动机进行控制。

3.8.4 仿真环境搭建

根据题目要求，仿真系统所需器件清单见表 3－12。选择好元器件后即可搭建本系统的仿真环境，如图 3－29 所示。在面板的空白处单击右键，选择 place→Text Script 即可编辑文本，对某一元件的功能等进行进一步的解释。

表 3－12 Proteus 仿真时钟系统器件清单

序　号	元器件	Proteus 关键字	数　量
1	AT89C51 单片机	AT89C51	1
2	步进电动机	MOTOR－STEPPER	1
3	按钮	BUTTON	3

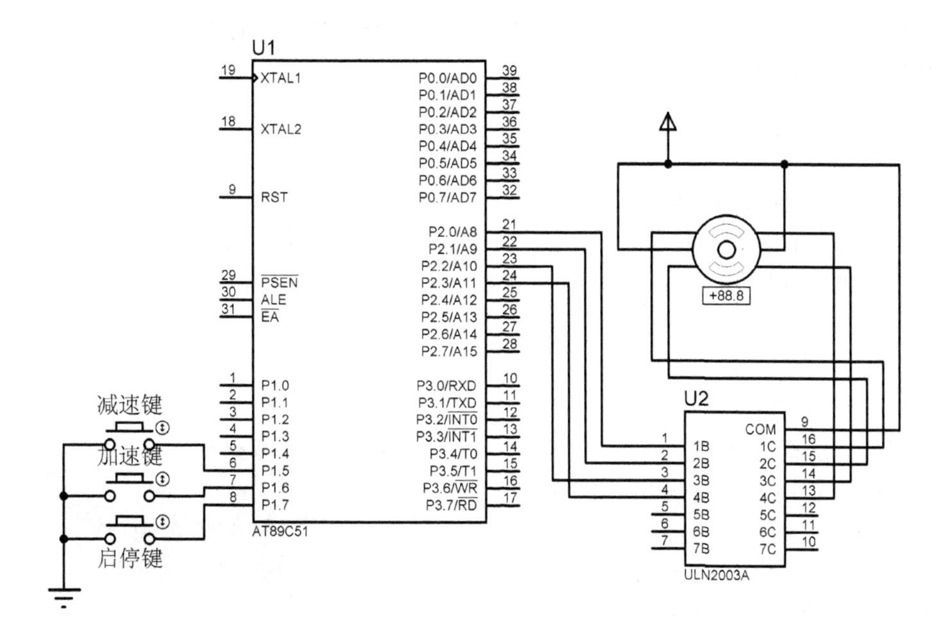

图 3－29　单片机控制步进电动机仿真电路图

3.8.5　测试运行

在图 3－29 中双击单片机器件，然后在弹出的 Edit Component 对话框的 Program File 项中载入所得到的 HEX 文件，单击 OK 按钮退出，然后启动即可开始仿真。单击图 3－29 中的启停键即可看到步进电动机缓慢转动，加速键和减速键分别控制着步进电动机的转动速度。

将源程序第 64 行的 Motor(ptable[i])改成 Motor(ntable[i])，重新编译和加载，即可看到步进电动机反方向转动。

3.8.6　小　结

本系统利用单片机控制步进电动机，并在 Proteus 7.7 中仿真实现了设计要求功能：通过按键分别控制两相四线步进电动机的启停和加减速度控制。在实际应用中，请根据具体需求，并查阅相应电动机的控制方式，设计合理的控制方案。

3.9　单片机控制舵机

3.9.1　设计任务及要求

任务：利用单片机控制舵机，可通过模拟 PWM 控制舵机转动一定的角度并在数码管上显示当前的输入占空比值；通过两个按键分别增加或减小舵机转动的角度。

要求：通过本系统的设计，了解舵机的原理并掌握其编程控制方法；进一步熟悉单片机系统设计方法。

3.9.2 系统分析

1. 舵机及其控制原理

舵机通常也被称为伺服电动机，用以构建伺服系统。它的外形像一个盒子，上面有一个转轴和3根导线。导线分别为电源线、地线和转轴位置控制线。一个舵机实物如图3-30所示。

舵机由一个直流电动机、一个反馈装置(由一个电位器组成)和一个控制电路组成。舵机内部有一个基准电路，用于产生一定周期和宽度(通常，周期为20～30 ms，脉冲宽度为1.5 ms)的基准信号。当控制信号通过控制线进入舵机后，首先由信号调制芯片获得直流偏置电压，将该偏置电压与其内部基准信号比较得到一个电压差输出，然后分别由该电压差的正负和大小决定电动机的正反转和转动角度。当电动机转速稳定后，通过级联减速齿轮带动电位器旋转，使得电压差归零，电动机停止转动。因此，给舵机输入不同占空比的PWM信号，即对应着朝不同的方向转动不同的角度。

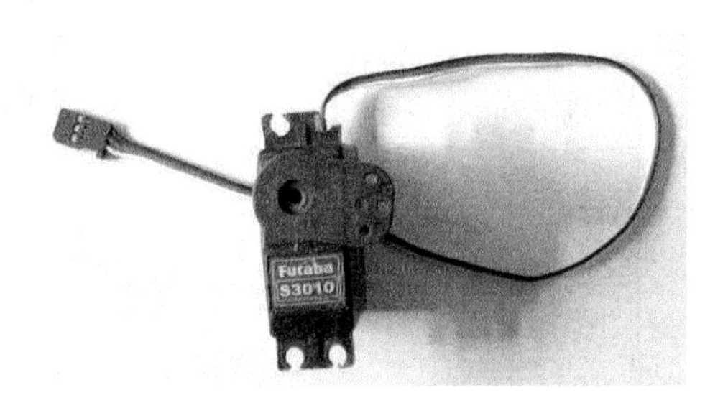

图3-30　舵机实物

一般地，当脉冲宽度为1.5 ms时，舵机旋转到中间位置。如旋转范围为0～180°，此时系统旋转的角度就是90°。为使舵机旋转一定角度，可通过改变脉冲宽度来实现。如在中间角度位置上逆时针旋转，只要在控制端加上大于1.5 ms的脉冲；反之，如在中间角度位置上顺时针旋转，只要在控制端加上小于1.5 ms的脉冲。

2. 系统方案

系统获取当前按键状态，进而根据按键状态决定是增加转角还是减少转角。在执行旋转动作时，同时在数码管上实时显示对应占空比。

3.9.3 系统流程与程序

在本书选的Proteus版本中，当用频率50 Hz、周期20 ms的PWM波作为输入信号时，该舵机可在11%～21%的占空比内完成－90°～ ＋90°的转向。系统流程如图3-31所示。

系统程序：

```
1  #include<reg51.h>
2  #define uchar unsigned char
3  #define uint unsigned int
```

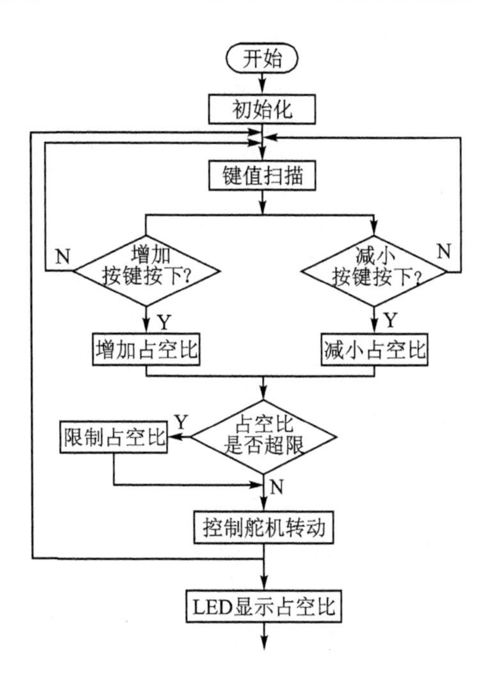

图 3-31　系统流程图

```
4
5  sbit PWM = P3^4;
6  sbit Button_U = P3^7;
7  sbit Button_D = P3^6;
8
9  uchar code table[] = {0x3F,0x06,0x5B,0x4F,0x66,0x6D,0x7D,0x07,0x7F,0x6F};
10  uchar DutyCycle = 18;   //[11,21]
11  uchar dida = 0;
12
13  //延时函数
14  void delay(uint i)
15  {
16      uint j;
17      for(i; i > 0; i--)
18          for(j = 110; j > 0; j--);
19  }
20
21  //初始化函数
22  void init()
23  {
24      TMOD = 0x02;
25      TH0 = (256 - 100);
26      TL0 = (256 - 100);
27      ET0 = 1;
28      TR0 = 1;
```

```
29      EA = 1;
30      PWM = 1;
31  }
32
33  // LED 显示函数
34  void LEDDisplay()
35  {
36      P2 = table[DutyCycle / 10];
37      P1 = 0xFB;
38      delay(1);
39      P1 = 0xff;
40
41      P2 = table[DutyCycle % 10];
42      P1 = 0xF7;
43      delay(1);
44      P1 = 0xff;
45  }
46
47  // 按键扫描函数
48  void keyScan()
49  {
50      if ((!Button_U) || (!Button_D))
51      {
52          delay(20);
53          if (!Button_U)
54          {
55              DutyCycle + = 1;
56          }
57
58          if (!Button_D)
59          {
60              DutyCycle - = 1;
61          }
62
63          if (DutyCycle < = 11)
64              DutyCycle = 11;
65          if (DutyCycle > = 21)
66              DutyCycle = 21;
67
68          while((!Button_U) || (!Button_D));
69      }
70  }
71
72  // 主函数
73  void main()
74  {
75      init();
```

```
76      while(1)
77      {
78          keyScan();
79          LEDDisplay();
80      }
81  }
82
83  // 定时器 0 中断服务函数
84  void time0() interrupt 1
85  {
86      dida ++ ;
87      if(dida >= DutyCycle)
88          PWM = 0;
89      else
90          PWM = 1;
91      if(dida == 200)
92          dida = 0;
93  }
```

将如上程序代码装载到 Keil 中，编译和连接后即可生成相应的 HEX 文件。

程序注释：

第 1 行：头文件包含。
第 2～3 行：无符号数据的宏定义。
第 5 行 PWM 输出引脚定义。定义 P3.4 输出 PWM 波控制舵机转动。
第 6～7 行：按键定义。定义增加角度和减小角度的按键引脚。
第 9 行：共阴极数码管“0～9”编码。
第 10 行：占空比变量定义，全局变量，用于保存当前输出占空比。
第 11 行：软件计数变量定义。dida 在定时器 0 的中断服务函数中用到。
第 14～19 行：延时函数。
第 22～31 行：系统初始化函数。
第 24 行：定义定时器 0 工作在方式 2。
第 25～26 行：设置定时器初值。
第 27 行：使能定时器 0 中断。
第 28 行：开启定时器。
第 29 行：使能总中断。
第 30 行：初始化 PWM，开始输出高电平。
第 33～45 行：数码管显示子程序。
第 36～39 行：控制占空比的十位显示。
第 41～44 行：控制占空比的个位显示。
第 48～70 行：按键扫描函数。通过查询的方式扫描按键。
第 50 行：判断是否有键按下。
第 52 行：延时 20 ms。
第 53～56 行：如按下增加角度按键，则占空比增加 1％。
第 58～61 行：如按下减小角度按键，则占空比减小 1％。
第 63～66 行：对输出占空比进行限定，因为本实验所使用的舵机只能完成 -90°～ +90°的转向，对应输入占空比为 11％～21％。所以，占空比超出此区间时控制程序已无意义，舵机不会有额外转动。这里我们进行限定，防止过量按下某键导致舵机转向角度难以回到正常范围。

第68行：等待按键释放。
第73～81行：主函数。
第75行：调用初始化函数。
第76行：一直循环。
第78行：调用按键扫描函数。
第79行：调用数码管显示函数。
第84～93行：定时器0的中断服务函数。
第86行：软件计数变量dida自加。
第87～90行：改变"PWM"口的电平，获得PWM波形。
第91～92行：表示一个PWM周期(即$100\times200\ \mu s=20\ ms$)完成后，软件计数变量清零。

3.9.4 仿真环境搭建

根据题目要求，仿真舵机控制系统所需器件清单见表3-13。选择好元器件后即可搭建本系统的仿真环境如图3-32所示。在面板的空白处单击右键，选择place→Text Script即可编辑文本，对某一元件的功能等进行进一步的解释。

表3-13　Proteus仿真舵机控制系统器件清单

序　号	元器件	Proteus关键字	数　量
1	AT89C51单片机	AT89C51	1
2	舵机	MOTOR-PWMSERVO	1
3	4位共阴极7段数码管	7SEG-MPX4-CC	1
4	按钮	BUTTON	2

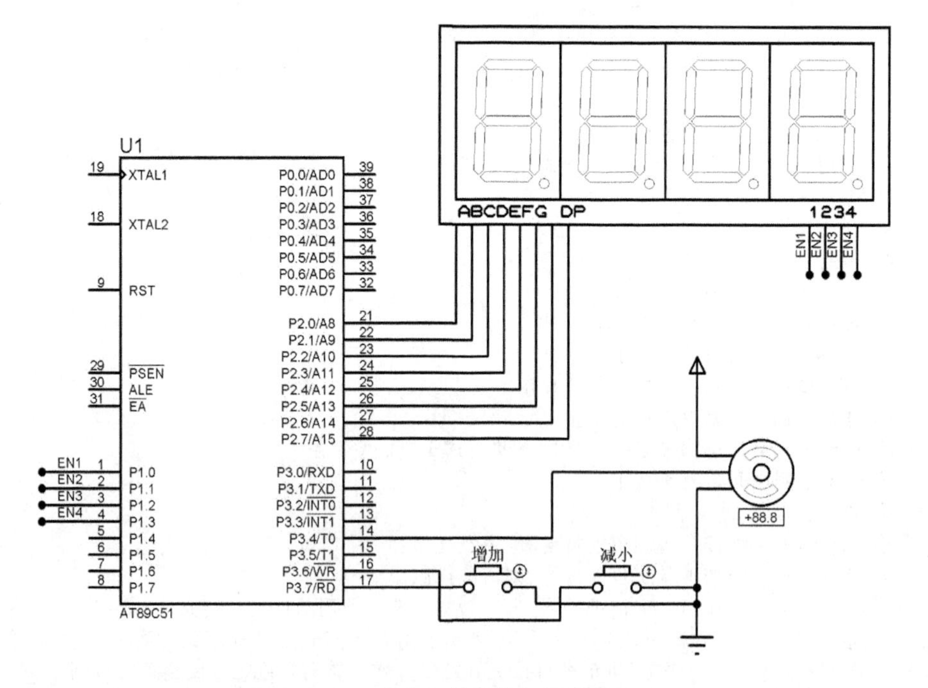

图3-32　单片机控制舵机仿真电路图

3.9.5　测试运行

在图 3－32 中双击单片机器件，然后在弹出的 Edit Component 对话框的 Program File 项中载入所得到的 HEX 文件，单击 OK 按钮退出，然后启动即可开始仿真。单击图 3－32 中的增加按键即可看到电动机转动角度增大，单击减小按键即可看到电动机转动角度减小，并且在数码管上可以看到当前的占空比。由图 3－33 可知，占空比为 16％时，舵机转动角度为 0°。

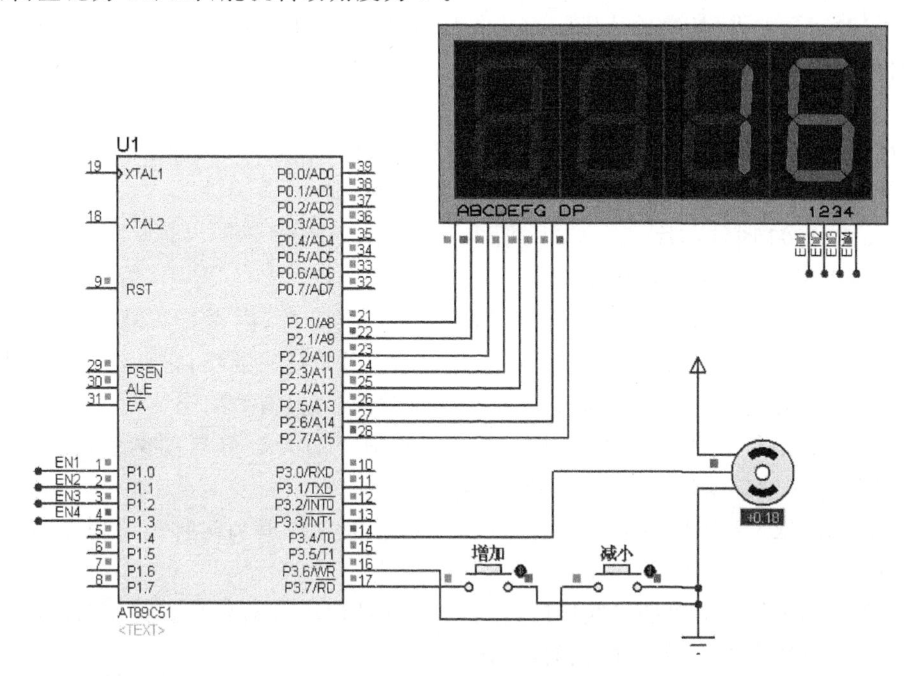

图 3－33　系统测试结果图

3.9.6　小　结

本系统基于单片机实现了对舵机的简单控制，实现了其软硬件功能，并在 Proteus 7.7 中仿真通过。

舵机经常用来操纵车、船和飞机模型，也常用在机器人和位置传感器中。可通过查阅资料，了解其不同场合的应用，并在实践中参考学习。

3.10　基于单片机和 DS1302 的时钟

3.10.1　设计任务及要求

任务：利用单片机和 DS1302 时钟芯片设计一个简易时钟，正确完成对 DS1302

时钟芯片的读写编程;将读到的时间在数码管上显示出来。

要求:通过本系统的设计,了解时钟芯片DS1302原理,并掌握其编程方法;进一步熟悉单片机系统设计方法。

3.10.2 系统分析

1. 系统方案选定

一般情况下,可通过单片机的定时器功能模拟一个简单的电子时钟,但是此种方法不仅时间误差大,耗费单片机的内部资源,而且不可保存时间,一旦系统断电,时钟即回到复位值。

本系统选用专门的时钟芯片DS1302完成时钟设计。通过对DS1302保存与获取时间,然后显示到8位数码管上。数码管的前两位显示小时,第3位显示"-",第4、5两位显示分钟,第6位显示"-",第7、8两位显示秒。

2. DS1302时钟芯片

(1) DS1302时钟芯片功能特点

DS1302是DALLAS公司推出的涓流充电时钟芯片,内含有实时时钟/日历和31字节的静态RAM,可通过简单的串行接口与单片机进行通信,它具备如下功能:

① 提供完整的年、月、日、时、分、秒等实时时钟信息,有效期至2100年。

② 智能化与人性化。其中每月的天数和闰年的天数可自动调整,且可通过AM/PM指示决定采用24或12小时格式。

③ 功耗低。2 V供电时电流小于30 nA,且保持数据和时钟信息时功率小于1 mW。

④ 操作简便。简单的3线接口,可多字节连续读写RAM,且兼容TTL电平。

⑤ 双电源供电,提高了数据的可靠性。

(2) DS1302时钟芯片封装及应用电路

DS1302的封装如图3-34所示。

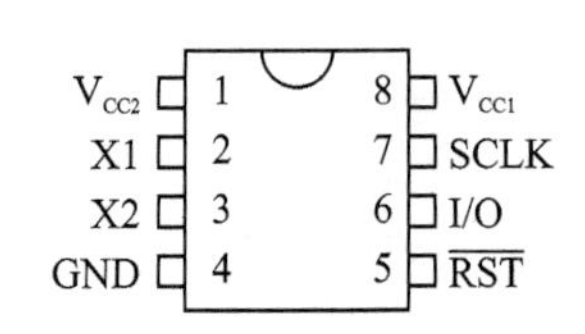

图3-34　DS1302封装

其中:

X1和X2为晶振接入引脚,接入的晶振为32.768 kHz;

SCLK为串行时钟引脚;

I/O为数据输入/输出引脚;

RST(CE)为复位引脚,此引脚在读、写数据期间必须为高;

V_{CC1}和V_{CC2}为电源供电引脚,且V_{CC1}为主电源,而V_{CC2}为备份电源,当$V_{CC2} > V_{CC1} + 0.2$ V时,由V_{CC2}向DS1302供电,否则由V_{CC1}供电。

DS1302的应用电路如图3-35所示。

(3) DS1302时钟芯片寄存器地址及功能

在时钟芯片工作前需要对其当前时间及工作模式进行一定的配置,工作过程中

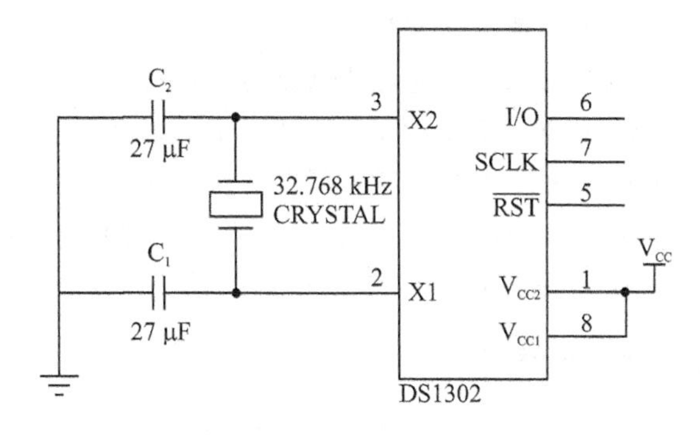

图 3－35　DS1302 应用电路

有时也会根据具体情况修改当前时间，这些操作都不可避免地要与 DS1302 芯片进行通信，即微控制器对 DS1302 的片内寄存器进行读写操作。配置 DS1302 的片内寄存器时，先写入寄存器的地址，然后读出或写入该寄存器的值。当然，还可以对 DS1302 进行连续的多字节读写操作，该部分内容本系统并不涉及，具体配置及操作可查看相关数据手册。表 3－14 所示为常用的 DS1302 片内寄存器地址及其相应功能。

表 3－14　DS1302 寄存器地址及其功能

地址(写)	功　能	取值范围	地址(读)	功　能
80H	秒位初始化写地址	00～59	81H	秒位读地址
82H	分位初始化写地址	00～59	83H	分位读地址
84H	时位初始化写地址	1～12/0～23	85H	时位读地址
86H	日位初始化写地址	1～31	87H	日位读地址
88H	月位初始化写地址	1～12	89H	月位读地址
8AH	星期初始化写地址	1～7	8BH	星期读地址
8CH	年位初始化写地址	00～99	8DH	年位读地址
8EH	写保护(WP)写地址	—	8FH	写保护(WP)读地址

(4) DS1302 时钟芯片的时序

对 DS1302 进行读写操作时，数据总是从最低位开始传送，通过一个 SCLK 时钟的下降/上升沿将该位数据写入芯片，整个过程中控制器一直主导着时序，而时钟芯片则处于被动状态。

DS1302 写 1 位逻辑电平值的步骤为：

① 控制器拉高 RST(CE)引脚，进入逻辑控制模式。

② 控制器清零时钟线 SCLK。

③ 将需要写入的数据置于数据线 I/O 上。

④ 控制器拉高时钟线 SCLK，形成一个时钟上升沿，则 DS1302 读入 I/O 引脚上的电平值，从而完成了 1 位逻辑电平的写操作。

DS1302 读 1 位逻辑电平值的步骤为：

① 控制器拉高 RST(CE)引脚，进入逻辑控制模式。

② 控制器拉高时钟线 SCLK，此时 DS1302 将 1 位数据置于数据线 I/O 上。

③ 将 I/O 引脚的电平值读入控制器内部寄存器暂存。

④ 控制器拉低时钟线 SCLK，形成一个时钟下降沿，则控制器完成对 I/O 引脚上的电平值的读取，从而完成了 1 位逻辑电平的读操作。

3.10.3　系统流程与程序

系统通过串行读写 DS1302 时钟芯片，完成时钟信息显示。采用 8 位的数码管显示时间或日期，数码管的位选通过 3－8 译码器选择；时钟芯片与单片机三线相连，对时钟芯片的操作分读写字节、读写命令和初始化等部分实现。其时序及读写步骤如 3.10.2 小节所述。系统流程如图 3－36 所示。

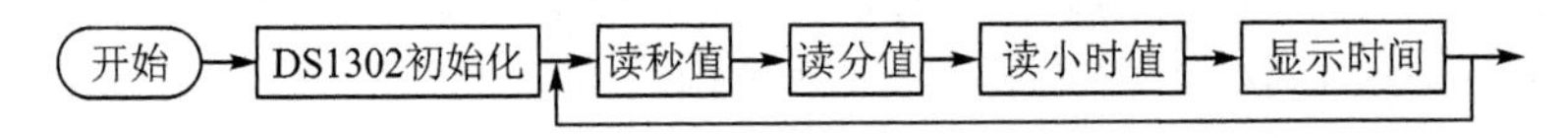

图 3－36　系统流程图

系统程序：

```
1  #include<reg51.h>
2  #define uchar unsigned char
3  #define uint unsigned int
4
5  uchar code table[] = {0x3F,0X30,0X5b,0X4f,0x66,0x6d,0x7d,0x07,0x7f,0x6f,0x00,
0x40};
6  uchar code Seg[] = {0x80,0x81,0x82,0x83,0x84,0x85,0x86,0x87};
7  uchar data DisplayBuf[] = {0,0,11,0,0,11,0,0};
8  uchar data TimeBuf[] = {0,0,0};
9
10  sbit ACC_7 = ACC^7;
11  sbit SCLK = P1^1;
12  sbit DIO = P1^0;
13  sbit CE = P1^2;
14
15  // 延时函数
16  void delay(uint i)
17  {
18      uint j;
19      for(i; i > 0; i--)
20          for(j = 110; j > 0; j--);
21  }
22
23  // DS1302 写字节函数
24  void DS1302WriteByte(uchar dat)
```

```
25 {
26     uchar i = 0,temp = 0;
27     CE = 0;
28     SCLK = 0;
29     CE = 1;
30     for (i = 8; i>0; i--)
31     {
32         SCLK = 0;
33         temp = dat;
34         DIO = (bit)(temp&0x01);
35         dat >>= 1;
36         SCLK = 1;
37     }
38 }
39
40 // DS1302 读字节函数
41 uchar DS1302ReadByte()
42 {
43     uchar i,dat1,dat2;
44     CE = 1;
45     for (i = 8; i>0; i--)
46     {
47         ACC_7 = DIO;
48         SCLK = 1;
49         ACC >>= 1;
50         SCLK = 0;
51     }
52     CE = 0;
53
54     dat1 = ACC;
55     dat2 = dat1/16;
56     dat1 = dat1 % 16;
57     dat1 = dat2 * 10 + dat1;
58    return dat1;
59 }
60
61 // 地址、数据发送函数
62 void DS1302WriteCmd (uchar addr,uchar dat)
63 {
64     DS1302WriteByte(addr);
65     DS1302WriteByte(dat);
66 }
67
68 // 数据读取函数
69 uchar DS1302ReadCmd (uchar addr)
70 {
71     DS1302WriteByte(addr);
```

```
72      return (DS1302ReadByte());
73  }
74
75  // DS1302 初始化函数
76  void DS1302Init(void) //初始化 DS1302
77  {
78      DS1302WriteCmd (0x8E,0x00);
79      DS1302WriteCmd (0x80,0x00);
80      DS1302WriteCmd (0x82,0x00);
81      DS1302WriteCmd (0x84,0x20);
82      DS1302WriteCmd (0x86,0x01);
83      DS1302WriteCmd (0x88,0x01);
84      DS1302WriteCmd (0x8c,0x12);
85      DS1302WriteCmd (0x8E,0x80);
86  }
87
88  // 数码管显示函数
89  void LEDDisplay()
90  {
91      uchar i;
92      DisplayBuf[7] = TimeBuf[2] % 10;
93      DisplayBuf[6] = TimeBuf[2]/10;
94      DisplayBuf[4] = TimeBuf[1] % 10;
95      DisplayBuf[3] = TimeBuf[1]/10;
96      DisplayBuf[1] = TimeBuf[0] % 10;
97      DisplayBuf[0] = TimeBuf[0]/10;
98      for(i = 0 ; i < 8; i++)
99      {
100         P3 = Seg[i];
101         P2 = table[DisplayBuf[i]];
102         delay(1);
103     }
104 }
105
106 // 主函数
107 void main()
108 {
109     DS1302Init();
110     while(1)
111     {
112         TimeBuf[2] = DS1302ReadCmd(0x81);
113         TimeBuf[1] = DS1302ReadCmd(0x83);
114         TimeBuf[0] = DS1302ReadCmd(0x85);
115 //          TimeBuf[2] = DS1302ReadCmd(0x87);
116 //          TimeBuf[1] = DS1302ReadCmd(0x89);
117 //          TimeBuf[0] = DS1302ReadCmd(0x8d);
118         LEDDisplay();
119     }
120 }
```

将如上程序代码装载到 Keil 中，编译和连接后即可生成相应的 HEX 文件。

程序注释：

第 1 行：头文件包含。

第 2～3 行：无符号数据的宏定义。

第 5 行：共阴极数码管“0～9”和“-”等的编码。

第 6 行：共阴极数码管位选编码。

第 7 行：数码管显示数字时、分、秒的缓冲区。其中 DisplayBuf[2]和 DisplayBuf[5]的初值 11 表示数码管的第 3 位和第 6 位显示“-”。

第 8 行：从 DS1302 读到时分秒值的缓冲区。

第 10～13 行：位定义。

第 10 行：表示利用单片机的累加器缓存 DS1302 所读取的数据。

第 11～13 行：与时钟芯片相连引脚的位定义，分别为时钟信号、数据信号和片选信号。

第 16～21 行：延时函数。

第 24～38 行：给时钟芯片发送 1 字节数据。

第 26 行：定义循环变量和临时变量。

第 27 行：CE 数据位为低，数据传送中止。

第 28 行：时钟总线清零。

第 29 行：CE 数据位为高时，逻辑控制有效，可以开始读数据。

第 30～37 行：1 字节的 8 位数据，从低位到高位依次写到 DS1302 的数据线(I/O 引脚)上，在 SCLK 时钟的上升沿数据写入成功。

第 41～59 行：从时钟芯片读取 1 字节数据。

第 43 行：定义循环变量、数据存放变量。

第 44 行 CE 数据位为高时可以开始读数据。

第 45～51 行：表明从低位到高位依次从 DS1302 的数据线(I/O 引脚)上读出数据到 ACC 累加器，在 SCLK 时钟的下降沿数据读出成功。

第 52 行：数据传送终止。

第 54～58 行：将数据从十六进制转换到十进制。

第 55 行：获得数据的高 4 位。

第 56 行：获得数据的低 4 位。

第 57 行：获得读到数据的十进制形式。

第 58 行：返回计算值。

第 62～66 行：为时钟芯片某一寄存器写地址或数据。

第 64 行：写地址。

第 65 行：写数据。

第 69～73 行：读时钟芯片某一寄存器数值。

第 71 行：发送地址。

第 72 行：返回所获取的寄存器值。

第 76～86 行：DS1302 初始化函数。

第 78 行：禁止写保护。

第 79～84 行：分别对秒、分、时和日、月、年进行初始化。

第 85 行：允许写保护。

第 89～104 行：数码管显示函数。

第 92～97 行：获取要显示的时、分、秒数值，存于显示缓冲区内。

第 98～103 行：循环显示缓冲区内的数据，即在数码管上显示时、分、秒。

第 107～120 行：主函数。

第 109 行：DS1302 初始化。

第 110 行：一直循环。
第 112～114 行：获取当前的时、分、秒。
第 115～117 行：获取当前的年、月、日。
第 118 行：在数码管上显示。

3.10.4　仿真环境搭建

根据题目要求，仿真时钟系统所需的器件清单见表 3-15。选择好元器件后即可搭建本系统的仿真环境，如图 3-37 所示。

表 3-15　Proteus 仿真时钟系统器件清单

序　号	元器件	Proteus 关键字	数　量
1	AT89C51 单片机	AT89C51	1
2	DS1302 时钟芯片	DS1302	1
3	共阴极 8 位数码管	7SEG－MPX8－CC	1
4	3-8 译码器	74LS138	1
5	晶振	CRYSTAL	1
6	电容	CAP	2

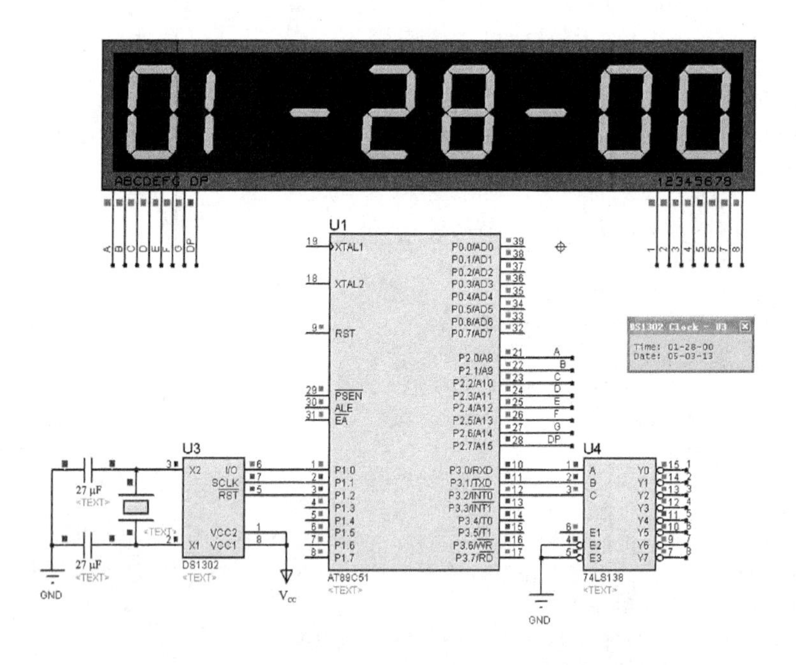

图 3-37　基于单片机和 DS1302 的时钟仿真电路图

3.10.5　测试运行

在图 3-37 中双击单片机模型，然后在弹出的 Edit Component 对话框的 Program File 项中载入所得到的 HEX 文件，单击 OK 按钮退出，然后启动即可开始仿真。可以看到显示的当前时间；若注释掉源程序 112～114 行，而启用 115～117 行，重新编译和加载，即可看到数码管显示为当前日期。

3.10.6 小　结

本系统通过单片机控制 DS1302 时钟芯片实现了一个简易的电子时钟，并在 Proteus 7.7 中仿真实现了设计要求功能。此类集成芯片只需搭建其经典电路，然后配合时序图编程即可得到理想的效果。电子时钟可应用于各类设计中，具有一定的实用价值。

3.11 基于单片机和 DS18B20 的数字温度计

3.11.1 设计任务及要求

任务：利用 AT89C51 单片机和 DS18B20 芯片设计一个数字温度计，要求正确完成对 DS18B20 芯片的读写编程；在数码管上显示所测的温度。

要求：通过本系统的设计，了解温度传感器 DS18B20 芯片原理，并掌握其编程方法；进一步熟悉单片机系统设计方法。

3.11.2 系统分析

1. 系统方案选定

数字温度计的设计方法很多，如可通过热敏电阻搭建电路，然后通过 A/D 转换和查表等方法获得温度。但是此种方法不仅要求有很好的模拟电路基础，而且误差相对较大。

系统以单点温度检测为例，设计一个简易的基于单片机和 DS18B20 的数字温度计，即只读取一个传感器的温度并显示。

2. 数字温度传感器 DS18B20 芯片

(1) DS18B20 芯片的功能特点

DS18B20 是 DALLAS 公司推出的单总线、可编程数字芯片，具有如下优异的性能：

① 单总线接口，主机(CPU)与从机(DS18B20 等传感器件)通过一条连线进行数据互换。

② 温度测量范围较广，其摄氏测温范围为－55～＋125℃，华氏温度范围为－67～257 ℉。

③ 测量精度较高，提供 9～12 位可配置的分辨率指示器件温度，并且在－10～＋85℃之间测量精度最高为 0.5℃。

④ 测量速度快，9 位分辨率时最大转换时间为 93.75 ms，而 12 位分辨率时最大

转换时间也不过 750 ms。

⑤ 器件兼容性强，每一个 DS18B20 都有一个全球唯一的系列号(Silicon Serial Number)，以保证同一条单总线可挂接多个传感器。

(2) DS18B20 芯片引脚和应用电路

在单总线通信过程中，DS18B20 作为从机，而单总线系统的通信主要体现在硬件配置、总线协议和总线时序的讨论上。硬件配置主要是指器件的连接及外围电路的扩展等，DS18B20 的封装和应用电路分别如图 3-38 和图 3-39 所示。图中 GND 为地线接入引脚，V_{DD}为电源接入引脚，DQ 为单线数据输入/输出引脚。

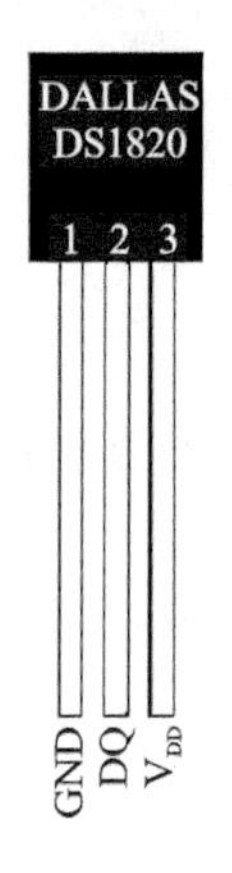

图 3-38　DS18B20 的封装

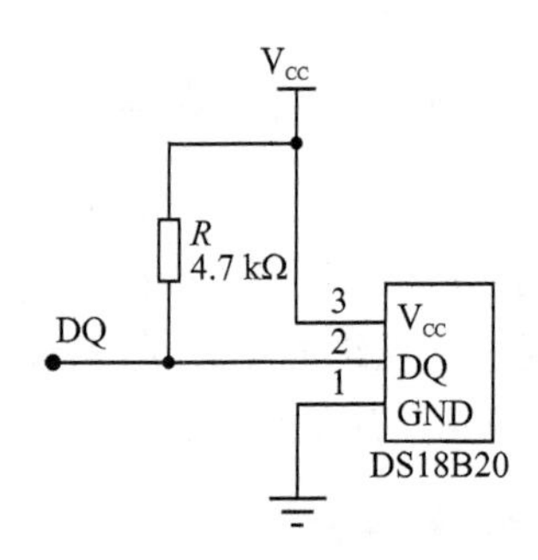

图 3-39　DS18B20 的应用电路

(3) DS18B20 的总线协议与指令码

DS18B20 的总线协议，即主机访问从机的步骤，分别为初始化、设置 ROM 功能、设置 Memory 和温度数据转换等。其中初始化包括主机的复位脉冲和所有从机的应答；设置 ROM 和 Memory 即配置相应的内部寄存器使其工作在特定模式下；温度转换为开启 DS18B20 的采集温度功能以获得相应的数字形式的温度值。表 3-16 所列为 DS18B20 的 ROM 和 Memory 操作的指令码。

(4) DS18B20 数字温度传感器的时序

前已述及，主机的控制指令和数据都是配合时序通过单一总线(DQ)送往从机 DS18B20。以下着重说明 DS18B20 的复位和读写时序。

DS18B20 数字温度传感器的复位操作：

① 主机(CPU)拉低总线(DQ)480～950 μs，然后释放总线(拉高电平)，这时 DS18B20 会拉低信号 60～240 μs 表示应答。

② DS18B20 拉低电平的 60～240 μs 后，主机读取总线电平，若为低电平则表示复位成功。

通信过程中，主机 1 字节的数据总是从最低位(LSB)到最高位(MSB)依次发送给 DS18B20。

表 3-16　DS18B20 的指令码

指令码(ROM)	功　能	指令码(Memory)	功　能
33H	读 ROM。读取 DS18B20 的 8 位 family code,唯一的 48 位序列号和 8 位 CRC 校验码	4EH	写数据。向 DS18B20 的 TH 寄存器写数据,此指令后传入的 3 字节即为写入的数据
55H	匹配 ROM。读取从机的 ROM 序列号后,用于对挂接的多个从机的定位	BEH	读数据。连续读取 9 字节,最后一位为 CRC 校验码
CCH	跳过 ROM 匹配。在单点检测过程中使用,以节省匹配 ROM 的时间	48H	复制数据
F0H	查询 ROM。在通信之初,主机并不知道从机的个数及它们的序列号,此指令用于主机验证所有从机的序列号	44H	开始温度转换
ECH	查询已经报警的从机器件	B4H	读取供电模式

读一位逻辑电平值的步骤为:

① 主机拉低电平大约 1 μs。

② 主机释放总线,然后读取总线电平,此时若 DS18B20 传输逻辑 0,则会拉低相应电平,反之则拉高电平。

③ 主机读取电平值后,延迟 40～45 μs。

主机向 DS18B20 数字温度传感器的写一位逻辑电平值的步骤为:

① 主机拉低电平 10～15 μs。

② 若写逻辑 1,则主机拉高电平 20～45 μs,若写逻辑 0,则持续拉低电平 20～45 μs 的时间。

③ 主机释放总线。

(5) DS18B20 的单点检测

单点检测的应用电路如图 3-40 所示。检测时 DS18B20 的转换启动流程为:

① DS18B20 复位。

② 写入跳过 ROM 的字节命令 0xCC。

③ 写入开始转换的功能指令 0x44。

④ 延时 750～900 μs 等待温度转换结束。

DS18B20 读取转换结果(温度值)的步骤为:

① DS18B20 复位。

② 写入跳过 ROM 的字节命令 0xCC。

③ 写入读数据的功能指令 0xBE。

④ 读入第 0 个字节,即转换结果的低 8 位。

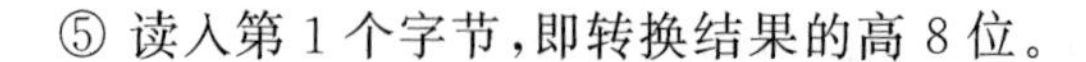

⑤ 读入第 1 个字节，即转换结果的高 8 位。

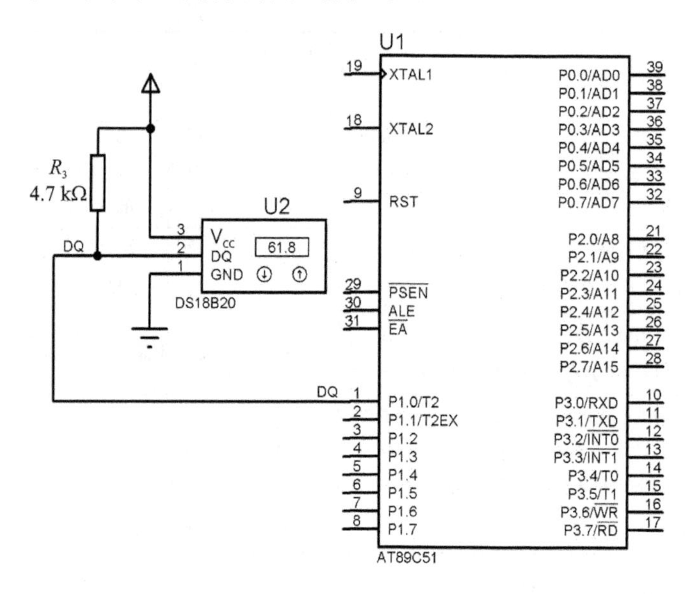

图 3-40　DS18B20 单点检测应用电路

(6) DS18B20 的多点检测

多点检测时，理论上可以在一根数据总线上挂 256 个 DS18B20，但实际应用中如果挂接 25 个以上的 DS18B20 有可能会产生功耗问题。另外，单总线长度也不宜超过 80 m，否则会影响数据的准确传输。在这种情况下，可以采用分组的方式，用单片机的多个 I/O 来驱动多路 DS18B20。实际应用中，还可以使用一个 MOSFET 管将 CPU 的 I/O 口线直接和电源相连，起到上拉的作用，如图 3-41 所示。

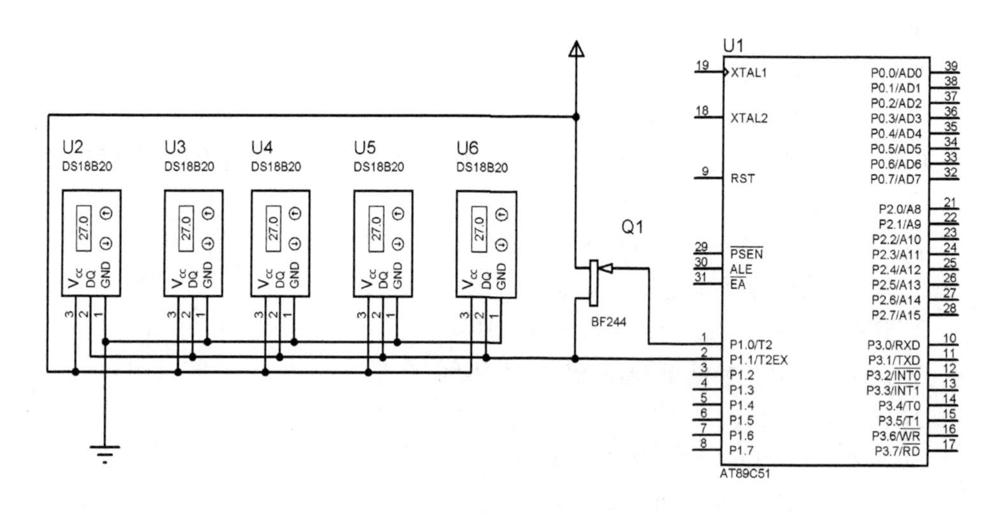

图 3-41　DS18B20 多点检测应用电路

多点检测分两步进行：

第一步为系统初始化。将主机逐个与挂接的 DS18B20 通信，以读取各从机的序列号，其工作步骤为：

① DS18B20 复位。

② 主机发送读 ROM 指令 0x33，以搜索所挂接从机的序列号。

③ 读取在线从机的序列号，暂存于主机的存储器中。

第二步为分别读取各从机的温度转换数据。步骤为：

① 初始化 DS18B20。

② 发送匹配 ROM 指令 0x55。

③ 发送第 n 个 DS18B20 的 ROM 编码。

④ 读存储器（Memory），将温度值暂存于 CPU 的存储器内。

3.11.3　系统流程与程序

系统设计一个自动温度报警系统验证 DS18B20 数字温度计的性能。单片机实时读取 DS18B20 的片内温度，通过数码管实时显示该温度，并判断是否达到报警阈值，以点亮发光二极管；温度报警阈值由程序指定。对 DS18B20 的操作分为芯片复位、读写字节、启动温度转换和温度读取等部分实现。系统流程如图 3－42 所示。

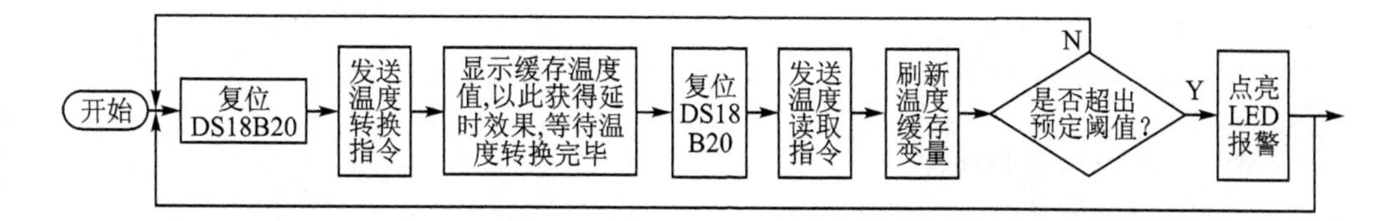

图 3－42　系统流程图

系统程序：

```
1  #include<reg51.h>
2  #include <intrins.h>
3  #define uchar unsigned char
4  #define uint unsigned int
5  #define AlarmTemper 60
6
7  sbit DQ = P1^0;
8  sbit LED = P1^6;
9
10  uchar code table[] = {0X3F,0X06,0X5B,0X4F,0X66,0X6D,0X7D,0X07,0X7F,0X6F};
11  uchar temperature,ten,bits;
12
13  // 延时 50 μs 函数
```

```
14  void delay_50us(uint t)          //每次 50 μs 延时,最大误差 13 μs
15  {
16      uchar j;
17      for(;t>0;t--)
18          for(j=19;j>0;j--);
19  }
20
21  // 延时 2 μs 函数
22  void delay_2us(unsigned char i)        //每次 2 μs 精确延时,最大误差为 6 μs
23  {
24      while(--i);
25  }
26
27  // 蜂鸣器报警函数
28  void alarm()
29  {
30         if(temperature >= AlarmTemper)
31           LED = 1;
32       else
33           LED = 0;
34  }
35
36  // 数码管显示函数
37  void LEDDisplay()
38  {
39      P2 = table[ten];
40      P3 = 0xfb;
41      delay_50us(20);//十位    延时 1 ms
42      P3 = 0xff;
43
44      P2 = table[bits];
45      P3 = 0xf7;
46      delay_50us(20);//个位    延时 1ms
47      P3 = 0xff;
48  }
49
50  // DS18B20 初始化函数
51  void DS18B20Reset()
52  {
53      DQ = 0;
54      delay_50us(10); //延时 513 μs
55      DQ = 1;
56      delay_50us(1);//延时 50 μs
57      while(!DQ);
```

```
58      _nop_();
59  }
60
61  //读 DS18B20 函数
62  uchar DS18B20ReadByte()
63  {
64      uint i;
65      uchar dat = 0;
66      for(i = 0;i<8;i++)
67      {
68          DQ = 0;
69          _nop_();    //延时 1 μs
70          dat >>= 1;
71          DQ = 1;
72          delay_2us(2);
73          if(DQ)
74              dat |= 0x80;
75          delay_2us(20); // 延时 40～45 μs
76          DQ = 1;
77      }
78      return(dat);
79  }
80
81  // 写 DS18B20 函数
82  void DS18B20WriteByte(uchar dat)
83  {
84      uchar j;
85      for(j = 0;j<8;j++)
86      {
87        DQ = 0;
88        delay_2us(5);  //拉低电平 10～15 μs
89        if(dat & 0x01)
90           DQ = 1;
91        delay_2us(15); //延时 20～45 μs
92        dat >>= 1;
93        DQ = 1;
94        _nop_();
95      }
96  }
97
98  // 温度转换函数
99  void temperConvert()
100  {
101         DS18B20Reset();
```

```
102         DS18B20WriteByte(0xcc);
103         DS18B20WriteByte(0x44);
104 }
105
106 // 读出温度函数
107 void temperRead()
108 {
109     uchar temph, templ;
110     DS18B20Reset();
111     DS18B20WriteByte(0xcc);
112     DS18B20WriteByte(0xBE);
113     templ = DS18B20ReadByte();
114     temph = DS18B20ReadByte();
115     temperature = (temph << 4)|(templ >> 4);
116     ten = temperature % 100/10;
117     bits = temperature % 10;
118 }
119
120 // 主函数
121 void main()
122 {
123     uchar j;
124     while(1)
125     {
126         temperConvert();
127         for(j = 0;j<250;j ++ )
128             LEDDisplay();
129         temperRead();
130         alarm();
131     }
132 }
```

将如上程序代码装载到 Keil 中,编译和连接后即可生成相应的 HEX 文件。

程序注释:

第 1 行:头文件包含。

第 2 行:头文件包含,其中包含空语句的_nop_()函数。

第 3～4 行:无符号数据类型的宏定义。

第 5 行:宏定义,温度报警门限值定义。

第 7～8 行:位定义。其中 DQ 为温度芯片的输入/输出线,LED 为灯光报警的控制线。

第 10 行:数码管"0～9"字符的编码。

第 11 行:定义全局变量,其中 temperature 存放当前获取的温度,ten 存放当前温度的十位,bits 存放当前温度的个位。

第 14～19 行:50 μs 延时程序。

第 22～25 行:2 μs 延时程序。

第 28～34 行:报警函数。当温度大于门限值时,即进行 LED 报警。

第 37～48 行：数码管显示函数，在数码管上显示当前温度。分别显示十位与个位。

第 51～59 行：DS18B20 初始化函数。

第 53～54 行：拉低总线电平 513 μs。

第 55 行：释放总线。

第 56 行：延时 50 μs。

第 57 行：等待。

第 62～79 行：读 DS18B20 一个字节。

第 64 行：定义循环变量。

第 65 行：定义返回值变量。

第 66 行：循环。

第 68～69 行：表示主机拉低总线 1 μs。

第 70 行：字节右移。由于 1 字节数据是从最低位到最高位依次传输，字节右移表示每次接收新的数据位前，将当前已获取数据向右移动一位。

第 71 行：主机释放总线。

第 73～74 行：获取数据。

第 75 行：延时 40 μs。

第 76 行：再次释放总线。表示一位数据传输完毕。如此进行 8 次即可读取 1 字节的数据。

第 82～96 行：写 DS18B20 一字节。

第 84 行：定义循环变量。

第 85 行：进入循环。

第 87～88 行：拉低总线电平 10 μs。

第 89～90 行：传送最低位数据。

第 92～94 行：延时 30 μs 后从器件接收到数据，主器件释放总线。

第 92 行：变量右移一位表示次低位变为最低位，等待下一轮的发送。

第 99～104 行：开始温度转换。

第 101 行：复位 DS18B20。

第 102 行：跳过读系列号的操作。

第 103 行：启动温度转换。大约 750 ms 后可得到转换结果。

第 107～118 行：读当前温度值。

第 109 行：定义温度高 8 位和低 8 位的存储变量。

第 110 行：复位 DS18B20。

第 111 行：跳过读系列号的操作。

第 112 行：准备读取 RAM 数据。

第 113 行：读当前温度的低 8 位。

第 114 行：读当前温度的高 8 位。

第 115 行：数据转换，获取当前温度。

第 116～117 行：分别获取当前温度的十位和个位，全局变量 ten 和 bits 中，为数码管显示做准备。

第 121～132 行：主函数。

第 123 行：定义循环变量。

第 124 行：一直循环。

第 126 行：开始温度转换。

第 127～128 行：将缓冲的温度显示到数码管上。需要注意的是开始转换到读取温度值需要至少 750 ms 的延时，这两行程序同时也达到了延时 750 ms 的效果，以等待 DS18B20 转换结束。

第 130 行：判断是否报警。

3.11.4 仿真环境搭建

根据题目要求，仿真数字温度计系统所需的器件清单见表 3-17。选择好元器件后即可搭建本系统的仿真环境，如图 3-43 所示。此外在面板的空白处单击右键，选择 place→Text Script 即可编辑文本，对某一元件的功能等进行进一步解释。

表 3-17　Proteus 仿真数字温度计系统器件清单

序　号	元器件	Proteus 关键字	数　量
1	AT89C51 单片机	AT89C51	1
2	DS18B20 温度传感器	DS18B20	1
3	4 位数码管(共阳极)	7SEG-MPX-4-CA	1
4	红色发光二极管	LED-RED	1
5	电阻	RES	2

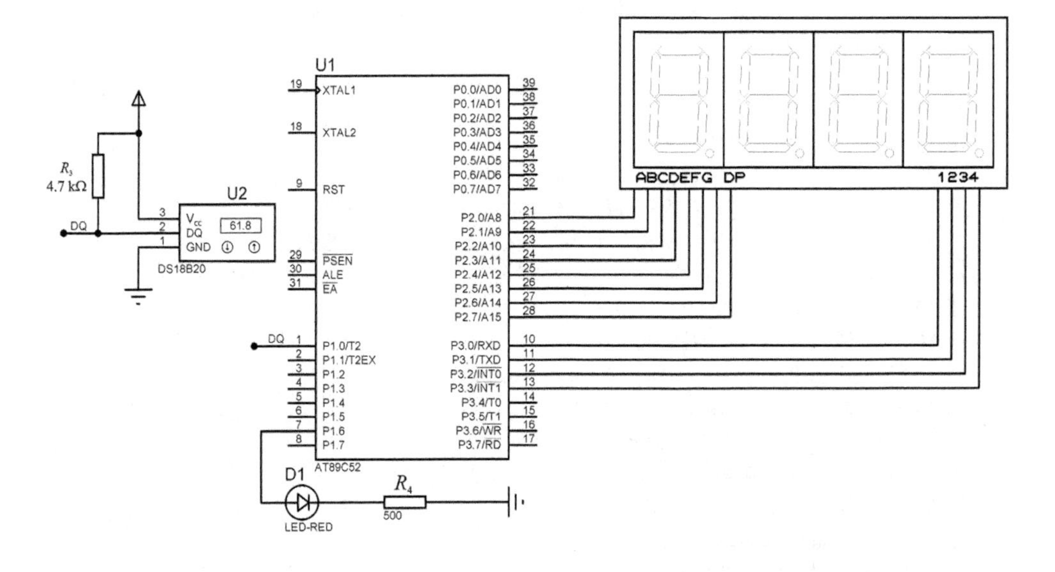

图 3-43　基于单片机和 DS18B20 的数字温度计仿真电路图

3.11.5 测试运行

在图 3-34 中双击单片机器件，然后在弹出的 Edit Component 对话框的 Program File 项中载入所得到的 HEX 文件，单击 OK 按钮退出，然后启动即可开始仿真。

数码管显示的是当前检测的温度。当温度高于 60℃时，LED 灯报警，需降低温度以熄灭 LED 灯。当前温度可以清楚地在数码管上显示，增加或减小温度时数码管也会发生相应的改变。图 3-43 所示温度为 61℃，超过了预定的门限，所以 LED 点亮。当然，也可以在程序的第 5 行改变报警门限，然后重新编译和加载，即可达到新的控制效果。

3.11.6　小　结

该系统使用单片机控制 DS18B20 芯片，设计了数字式温度计，并在 Proteus 7.7 中仿真实现了要求功能。

实际应用中，还可以利用其单总线的特征进行多点检测，将结果精确到小数位，等等。可根据实际需求进行深入研究。

3.12　简易 GSM 短信收发平台的设计

3.12.1　设计任务及要求

任务：基于 GSM 模块和单片机设计一个简易的短信收发平台，通过程序控制短信的收发，将接收到的信息显示在液晶屏上，同时自动回复。

要求：通过本系统的设计，了解 GSM 模块的工作原理，掌握其编程控制方法；进一步熟悉串口通信；进一步熟悉单片机系统设计方法。

3.12.2　系统分析

1. GSM 短信收发模块

这里以如图 3-44 所示的西门子公司的 TC35 短信收发模块为例进行介绍。

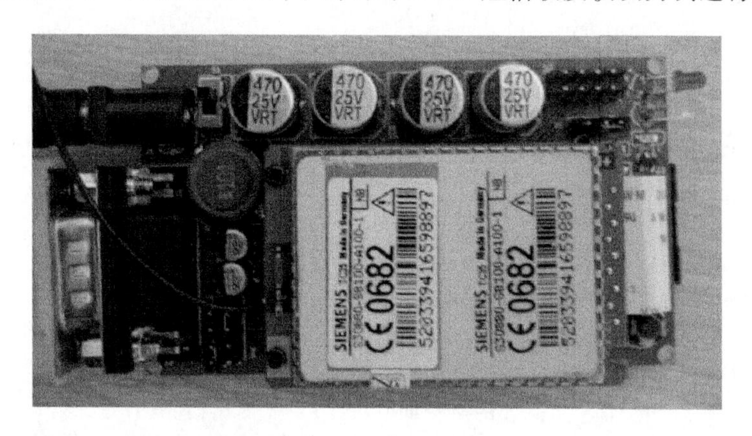

图 3-44　TC35 短信收发模块

西门子公司的 TC35 短信收发模块是一款双频 900/1 800 MHz 高度集成的 GSM 模块。模块自带 RS232 通信接口，可以方便地与 PC、单片机直接通信。可以快速、安全、可靠地实现系统方案中的数据、语音传输、短消息服务和传真。TC35 模块的工作电压为 3.3～5.5 V，所在频段功耗分别为 2 W(900 MHz)和 1 W(1 800 MHz)。

模块易于集成，用户可以在较短的时间内花费较少的成本开发出新颖的产品，已得到广泛的应用。通过该模块可以容易地连接上 GSM 网络。单片机通过不同的 AT 指令即可控制短信的收发，对模块接收到的信息进行处理后可执行相应操作，如在显示器件(如液晶屏上)显示短信内容，根据短信内容执行相应控制等。

2. AT 指令

TC35 模块的通信全部采用 AT+xxx 完成。表 3-18 演示了几个常用的 AT 指令用法。详细的指令请查阅相关文档。

表 3-18　AT 指令操作示例

指　令	指令含义	操作示例
AT 回车	握手指令	发送：AT 回车 回复：OK
AT+CNMI	选择如何接收短信	发送：AT+CNMI=1,1,2（注：设置模块收到短信时提示） 回复：OK +CMTI："SM",4（注：收到短信时的提示，4 表示短信存储位置） 发送：AT+CNMI=2,2（注：设置模块收到短信时直接显示内容） 回复：OK +CMT："+8615502989916",,"13/06/14,21:18:29+32" Hello!
AT+CMGF	选择短信格式。执行格式有：① TEXT 方式；②PDU 方式	发送：AT+CMGF=1 回车（注：1 表示选择 TEXT 方式） 回复：OK
AT+CMGS	发送短信	发送：AT+CMGS="电话号码"回车 回复：> 继续发送：在">"后输入要发送短信+"0x1a"或 Ctrl+Z，并回车 回复：+CMGS：30 OK
AT+CMGR	读短信	发送：AT+CMGR=8 回车（8 表示短信序号） 回复：AT+CMGR=8 +CMGR："REC READ","+8618710840733",,"13/01/27,16:48:58+32" aaaaaaaaaaa OK（注：这里显示的是已读短信；如是未读短信的话，将出现"UN-READ"）
AT+CMGD	删除短信。删除一个或多个短信	发送：AT+CMGD=x 回车（注：x 表示短信序号） 回复：OK

以下通过实验说明 AT 指令的使用。实验将 TC35 模块连接到 PC 串口，同时打开串口调试助手。通过 AT 指令分别完成握手连接、选择短信模式、发送短消息、读取短消息等。图 3－45 展示了实验结果。

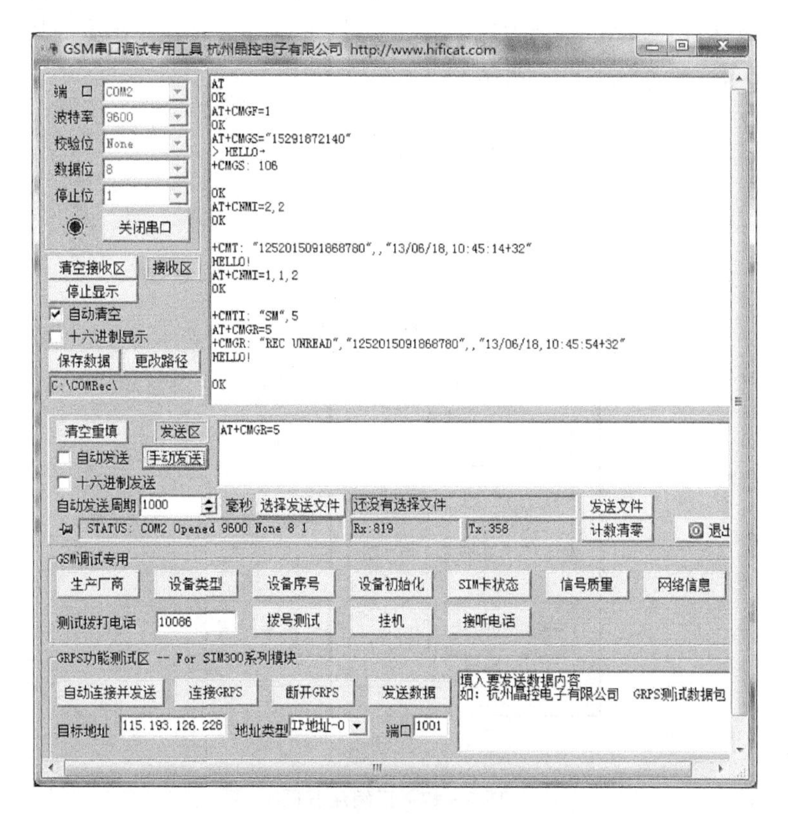

图 3－45　串口调试助手进行 AT 指令测试

3. 系统方案

系统总体框图如图 3－46 所示：

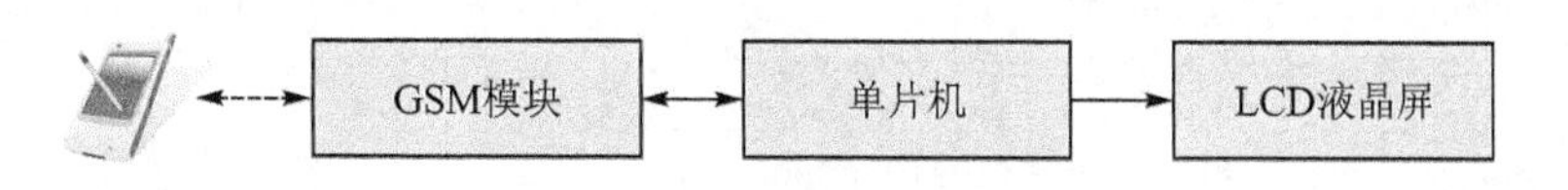

图 3－46　系统总体框图

本系统启动后先循环等待接收任意手机发来的短信。收到短信之后，单片机完成两项任务：一是提取短信内容和手机号码并分别存储，同时将短信内容及手机号码显示在液晶屏上；二是通过串口控制 GSM 模块自动回复短信。

本系统用半实物的方式进行仿真。单片机、液晶显示屏和串口部分基于 Proteus 7.7 仿真，短信收发部分采用 TC35 短信收发模块。

3.12.3　系统流程及程序

系统首先对串口接收的数据进行判断。当为新短信提示时，则提取短信存储位置，并据此发送读短信指令；当为短信内容时，则提取短信内容并显示，同时自动回复短信。其主要流程如图 3-47 所示。

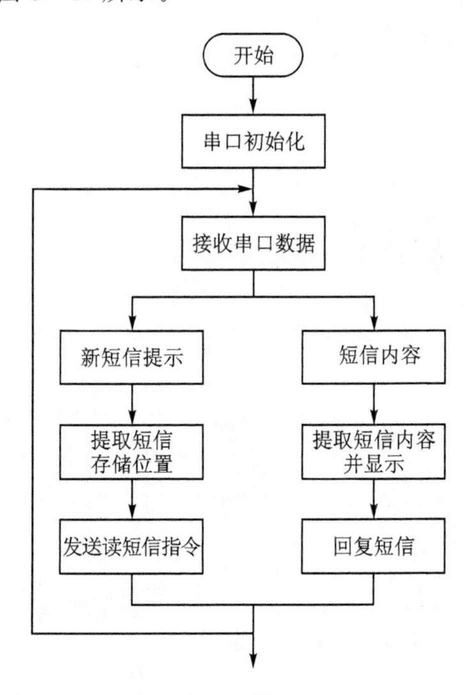

图 3-47　系统流程图

系统程序：

```
1  #include <reg51.h>
2  #include <intrins.h>
3
4  unsigned char AT[] = "AT\r\n";
5  unsigned char ATCMGF[] = "AT + CMGF = 1\r\n";
6  unsigned char ATCMGS[] = "AT + CMGS = \"15091868780\"\r\n";
7  unsigned char caller[] = "15091868780";
8  unsigned char ATCMGR[] = "AT + CMGR = 1\r\n";
9  unsigned char replyData[] = "GOT IT!";
10  unsigned char sm[6] = "he123!";
11  unsigned char idata uartData[110];
12  unsigned char turn = 0,receiveNum = 0,uartByte;
13  sbit lcdRs = P3^5;
14  sbit lcdRw = P3^6;
15  sbit lcdEn = P3^7;
16
17  // 延时函数
18  void delay(unsigned int z)
```

```
19  {
20      unsigned int x,y;
21      for(x = z;x>0;x--)
22          for(y = 200;y>0;y--);
23  }
24
25  // LCD 写指令函数
26  void lcdWriteCmd(unsigned char cmd)
27  {
28      lcdRs = 0;
29      P1 = cmd;
30      delay(1);
31      lcdEn = 1;
32      delay(1);
33      lcdEn = 0;
34  }
35
36  // LCD 写数据函数
37  void lcdWriteData(unsigned char dat)
38  {
39      lcdRs = 1;
40      P1 = dat;
41      delay(20);
42      lcdEn = 1;
43      delay(20);
44      lcdEn = 0;
45  }
46
47  // LCD 清屏函数
48  void clear()
49  {
50      lcdWriteCmd(0x01);
51      delay(5);
52  }
53
54  // LCD 初始化函数
55  void lcdInit()
56  {
57      lcdEn = 0;
58      lcdWriteCmd(0x38);
59      lcdWriteCmd(0x0f);
60      lcdWriteCmd(0x06);
61      clear();
62      lcdWriteCmd(0x80);
63  }
64
65  // LCD 显示控制函数
66  void lcdDisplay()
67  {
68      unsigned char i;
69      lcdRw = 0;
70      lcdInit();
```

```
71
72      lcdWriteCmd(0x80);
73      for(i=0;i<6;i++)
74          lcdWriteData(sm[i]);
75
76      lcdWriteCmd(0x80+0x40);
77      for(i=0;i<11;i++)
78          lcdWriteData(caller[i]);
79  }
80
81  // 短信发送函数
82  void smSend()
83  {
84      unsigned char i;
85      for(i=0;i<4;i++)
86      {
87          SBUF = AT[i];//AT[]="AT\r\n";
88          while(TI!=1);
89          TI=0;
90      }
91      delay(100);
92      for(i=0;i<11;i++)
93      {
94          SBUF = ATCMGF[i];//ATCMGF[]="AT+CMGF=1\r\n"
95          while(TI!=1);
96          TI=0;
97      }
98      delay(100);
99      for(i=0;i<23;i++)
100      {
101          SBUF = ATCMGS[i];//ATCMGS[]="AT+CMGS=\"15098762345\"\r\n"
102          while(TI!=1);
103          TI=0;
104      }
105      delay(150);
106      for(i=0;i<7;i++)
107      {
108          SBUF = replyData[i];
109          while(TI!=1);
110          TI=0;
111      }
112      SBUF = 0x1a;
113      while(TI!=1);
114      TI=0;
115      delay(150);
116      receiveNum=0;
117      turn=0;
118  }
119
120  // 读短信函数
121  void smRead()
122  {
```

```
123        unsigned char i;
124        ES = 0;
125        for(i = 0;i<4;i ++ )
126        {
127            SBUF  =  AT[i];//AT[] = "AT\r\n";
128            while(TI! = 1);
129            TI = 0;
130        }
131        delay(100);
132        for(i = 0;i<11;i ++ )
133        {
134            SBUF  =  ATCMGR[i];
135            while(TI! = 1);
136            TI = 0;
137        }
138        delay(50);
139        turn = 0;
140        receiveNum = 0;
141    }
142
143    // 串口数据提取函数
144    void dataSelect()
145    {
146
147        unsigned char i,k = 0;
148        lcdDisplay();
149        for(i = 0;i<11;i ++ )
150        {
151            caller[i] = uartData[26 + i];
152            ATCMGS[9 + i] = uartData[26 + i];
153        }
154        for(i = 0;i<6;i ++ )
155            sm[i] = uartData[64 + i];
156        turn = 1;
157        clear();
158        lcdDisplay();
159    }
160
161    // ================串口初始化函数=====================
162    // 波特率 9600、数据位 8、停止位 1、无校验位 (11.0592M)
163    // ==================================================
164    void uartInit()
165    {
166        SCON  =  0x50;
167        TMOD  =  0x20;
168        PCON  =  0x00;
169        TH1  =  0xfd;
170        TL1  =  0xfd;
171        TR1  =  1;
172        delay(300);
173    }
174
```

```
175 // 主函数
176 void main()
177 {
178     uartInit();
179     EA = 1;
180     while(1)
181     {
182         switch(turn)
183         {
184             case 0:
185                 ES = 1;
186                 break;
187             case 1:
188                 smSend();
189                 break;
190             case 2:
191                 smRead();
192                 break;
193             case 3:
194                 dataSelect();
195                 break;
196             default :
197                 break;
198         }
199     }
200 }
201 
202 // 串口中断程序
203 void serialInt (void) interrupt 4
204 {
205     if(RI == 1)
206     {
207         uartByte = SBUF;
208         uartData[receiveNum ++ ] = uartByte;
209         RI = 0;
210         if((uartData[5] == 'T')&&(receiveNum >= 16))
211         {
212             ES = 0;
213             ATCMGR[8] = uartData[14];
214             recive_num = 0;
215             turn = 2;
216         }
217         else if(receiveNum>= 76)
218         {
219             ES = 0;
220             receiveNum = 0;
221             turn = 3;
222         }
223     }
```

将如上程序代码装载到 Keil 中，编译和连接后即可生成相应的 HEX 文件。

程序注释：

第 1～2 行：头文件包含。

第 4～15 行：定义变量。

第 4 行：待发送的 AT 指令，握手信号。

第 5 行：待发送的 AT 指令，设置为 TEXT 格式。

第 6 行：待发送的 AT 指令，指定要发送短信的对方手机。

第 7 行：来短信的电话号码。

第 8 行：读短信的 AT 指令。

第 9 行：待回复的短信内容。

第 10 行：待发送的短信内容。

第 11 行：串口接收的数据。

第 12 行：分别定义标志位、接收数量和串口一次接收的数据。

第 13～15 行：分别定义 LCD 液晶的寄存器选择、读写控制和使能端口。

第 18～23 行：延时函数。

第 26～34 行：LCD 写指令函数。

第 37～45 行：LCD 写数据函数。

第 48～52 行：LCD 清屏函数。

第 48～52 行：LCD 清屏函数。

第 55～63 行：LCD 初始化函数。

第 66～79 行：LCD 显示控制函数。以上关于 LCD 操作的函数在 2.13 节中已进行相关实验，这里略去详细注释。

第 74 行：在液晶屏第一行显示短信内容。

第 78 行：在液晶屏第二行显示来电号码。

第 82～118 行：短信发送函数。以 TEXT 模式给发来短信的手机回复短信。

第 84 行：定义循环变量。

第 85～90 行：串口输出 AT 握手指令。

第 91 行：延时。

第 92～97 行：串口输出 AT 指令，指定为 TEXT 模式。

第 98 行：延时。

第 99～104 行：串口输出 AT 指令，发送对方手机号码。

第 105 行：延时。

第 106～111 行：串口输出要发送的短信内容。

第 112～114 行：串口输出短信结束标志。

第 115 行：延时。

第 116 行：缓冲数组清零。

第 117 行：重新等待。

第 121～141 行：读短信函数。

第 125～130 行：串口发送 AT 握手指令。

第 131 行：延时。

第 132～137 行：串口发送 AT 读短信指令。

第 138 行：延时。

第 139 行：继续等待。

第 140 行：缓冲数组清零。

第 144～159 行：串口数据提取函数。

第 148 行：显示来电号码和短信内容。

第 149～153 行：提取出来电号码。

第 154～155 行：提取出短信内容。

第 156 行：转向短信回复。

第 157 行：清屏。

第 158 行：显示来电号码和短信内容。

第 164～173 行：串口初始化函数。关于串口设置在 2.10 节有详述。这里设定波特率为 9 600 b/s，数据位 8 位，停止位 1 位，无校验位。其中定时器初值对应晶振频率为 11.059 2 MHz。

第 176～200 行：主函数。

第 178 行：串口初始化。

第 179 行：开总中断。

第 180 行：一直循环。

第 182 行：进入不同分支判断。

第 184 行：串口中断允许，继续等待。

第 188 行：发送短信。

第 191 行：读短信。

第 194 行：提取串口数据并显示，同时回复短信。

第 203～224 行：串口中断程序。接收从串口发送给单片机的数据，并将数据存入 uartData[] 数组内。如果是新短信提示，则转向发送读短信指令；如果是短信内容，则转向提取短信内容并显示。

第 208 行：接收串口数据。

第 213 行：提取短信存储位置。

第 215 行：转向发送读短信指令。

第 221 行：转向读短信内容并显示。

3.12.4 仿真环境搭建

根据题目要求，在 Proteus 7.7 中所需要的器件清单见表 3-19。搭建本系统的仿真环境如图 3-48 所示。另外，该设计采用了实物 GSM 模块。

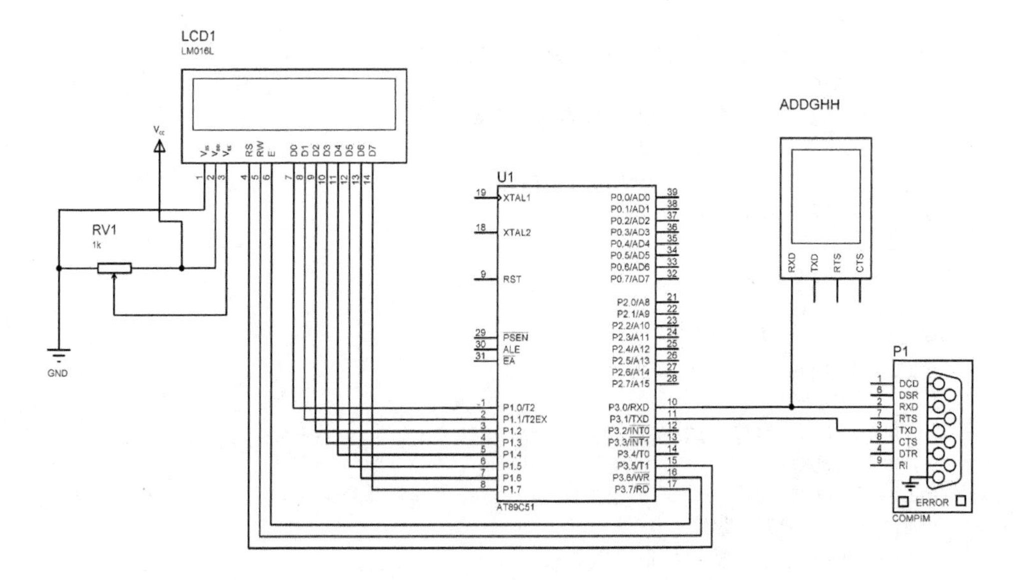

图 3-48 系统仿真电路图

表 3-19　仿真所需器件列表

序　号	元器件	Proteus 关键字	数　量
1	AT89C51 单片机	AT89C51	1
2	液晶屏	LM016L	1
3	虚拟串口	COMPIM	1
4	虚拟终端	VIRTUAL TERMINAL	1
5	滑动变阻器	RES-VAR	1

3.12.5　测试运行

在如图 3-48 所示的 Proteus 仿真电路中，双击单片机模型，弹出 Edit Component 对话框，在 Program File 项中载入所得到的 HEX 文件，设置 Clock Frequency 为 11.059 2 MHz；双击 COMPIM 模型，在其 Edit Component 对话框中设置 COMPIM 串口属性，如图 3-49 所示。同时，虚拟终端 ADDGHH 的属性设置与 COMPIM 的设置类似。

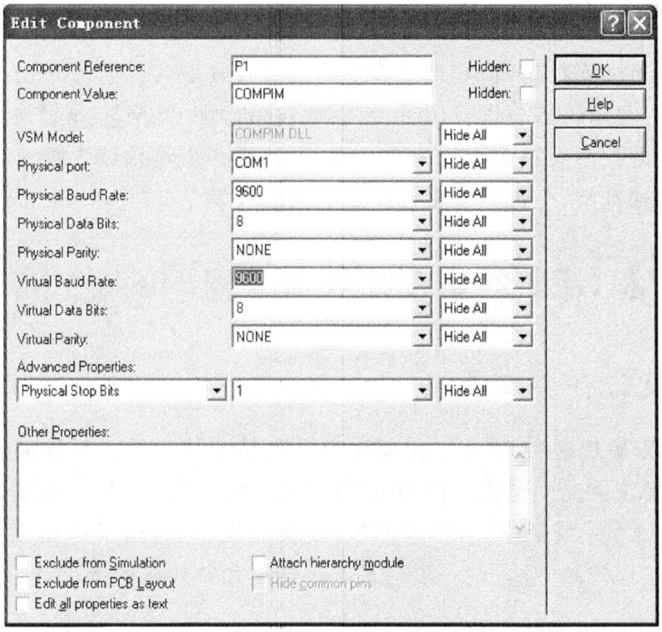

图 3-49　仿真串口属性设置

单击 OK 按钮退出，然后启动即可开始仿真。

使用一手机向 GSM 模块发送短信。在 GSM 模块收到短信之后，即可从虚拟终端 ADDGHH 上观察到 GSM 模块随之向单片机发送的数据。这些数据经过单片机处理后由液晶屏显示出来，显示结果如图 3-50 所示。同时，程序控制 GSM 短信模块自动回复给对方手机短信。

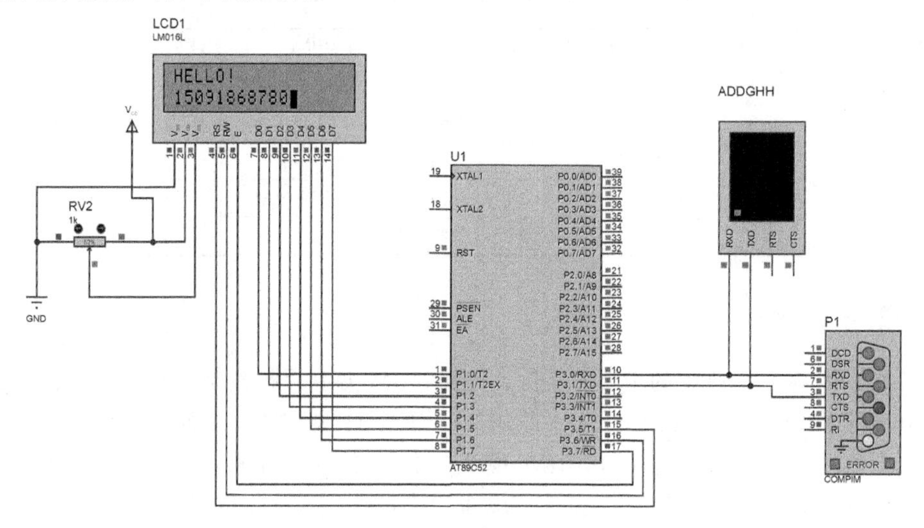

图3-50　系统测试结果

3.12.6　小　结

该系统基于半实物仿真，实现了简易的短信收发平台。通过Proteus 7.7对单片机、液晶显示屏及串口部分进行仿真，然后通过串口和GSM实物模块进行通信。

基于短信的控制有很多应用。请查阅资料，进一步熟悉该领域的应用。

在本实验基础上，可进一步实现中文短信的收发。

3.13　简易GPS定位系统设计

3.13.1　设计任务及要求

任务：基于单片机和GPS定位模块设计简易定位系统。系统能正确解析GPS输出数据，准确获取地理位置、时间和速度信息，并将其显示在液晶屏上。

要求：通过本系统的设计，了解GPS模块的工作原理，了解接收信息的格式和意义，掌握其编程控制方法；进一步熟悉串口通信和单片机系统设计方法。

3.13.2　系统分析

1. GPS

全球定位系统（Global Positioning System，GPS）为利用人造卫星传送的电波测定当时所在位置的系统，是一个中距离圆形轨道卫星导航系统。该系统包括太空中的24颗GPS卫星，地面上的1个主控站、3个数据注入站和5个监测站及作为用户端的GPS接收机。

设计所用 GPS 接收机的基本组成为主机、天线和电源。通过接收 GPS 卫星发射信号，获得必要的导航和定位信息，经数据处理，完成导航和定位工作。它最少只需其中 4 颗卫星，就能迅速确定用户端在地球上所处的位置及海拔高度，且所连接到的卫星数越多，解码出来的位置就越精确。

GPS 系统在精确定时、工程施工、勘探测绘，以及武器、船舶、飞机、车辆、星际导航乃至个人导航等方面都有广泛的应用。

2. GPS 输出数据格式

NMEA 0183 是美国国家海洋电子协会(National Marine Electronics Association，NMEA)为海用电子设备制定的标准格式。目前已成为 GPS 导航设备统一的国际海运事业无线电技术委员会(Radio Technical Commission for Maritime services，RTCM)标准协议。协议帧内容见表 3-20 所列。

表 3-20　RTCM 协议帧

序　号	命　令	说　明	最大帧长
1	$GPGGA	全球定位数据	72
2	$GPGSA	卫星 PRN 数据	65
3	$GPGSV	卫星状态信息	210
4	$GPRMC	运输定位数据	70
5	$GPVTG	地面速度信息	34
6	$GPGLL	大地坐标信息	
7	$GPZDA	UTC 时间和日期	

该协议采用 ASCII 码，其串行通信默认参数为：波特率＝4 800 b/s，数据位＝8 bit，开始位＝1 bit，停止位＝1 bit，无奇偶校验。

各帧的基本格式形如：

```
$aaccc,ddd,ddd,…,ddd*hh<CR><LF>
```

其中，$：帧命令起始位；aaccc：地址域，前两位为识别符，后三位为语句名；ddd，…，ddd：数据；*：校验和前缀；hh：校验和(Check Sum)，$与*之间所有字符 ASCII 码的校验和；<CR><LF>：CR(Carriage Return)＋LF(Line Feed)帧结束，回车和换行。

在这些命令当中，只需对 $GPRMC 命令进行分析即可得到被测对象的位置及速度信息，因此下面重点分析 $GPRMC 命令。该命令的传输格式如下：

```
$GPRMC,<1>,<2>,<3>,<4>,<5>,<6>,<7>,<8>,<9>,<10>,<11>,<12>*<13><CR><LF>
```

其中：

<1>：UTC(Coordinated Universal Time)时间，hhmmss.sss(时分秒.毫秒)格式。

<2>：定位状态，A＝有效定位，V＝无效定位。

<3>：Latitude，纬度 ddmm. mmmm（度分）格式（前导位数不足则补 0）。

<4>：纬度半球 N（北半球）或 S（南半球）。

<5>：Longitude，经度 dddmm. mmmm（度分）格式（前导位数不足则补 0）。

<6>：经度半球 E（东经）或 W（西经）。

<7>：地面速率（000.0～999.9 节，Knot，前导位数不足则补 0）。

<8>：地面航向（000.0～359.9 度，以真北为参考基准，前导位数不足则补 0）。

<9>：UTC 日期，ddmmyy（日月年）格式。

<10>：Magnetic Variation，磁偏角（000.0～180.0 度，前导位数不足则补 0）。

<11>：Declination，磁偏角方向，E（东）或 W（西）。

<12>：Mode Indicator，模式指示（仅 NMEA0183 3.00 版本输出，A＝自主定位，D＝差分，E＝估算，N＝数据无效）。

<13>：校验和。

以下是从传输数据中摘录的一帧：

$GPRMC，194636.656，A，0200.050000，N，00600.050000，E，0，0，180113，0，E，A*1F

可对照前面的描述理解其含义。

3. 系统方案

系统仿真以 Virtual GPS 虚拟 GPS 软件输出 GPS 数据帧。通过程序提取用户方位、速度和时间等信息，单片机处理之后进行显示。该系统结构图如图 3－51 所示。

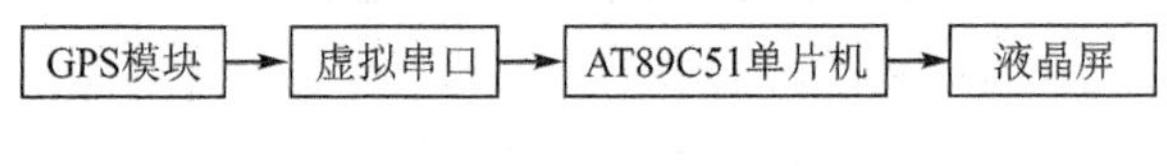

图 3－51　系统结构图

3.13.3　系统流程及程序

系统通过串口中断程序接收 GPS 数据，提取各参数并按要求进行格式化，之后显示。其主要流程如图 3－52 所示。

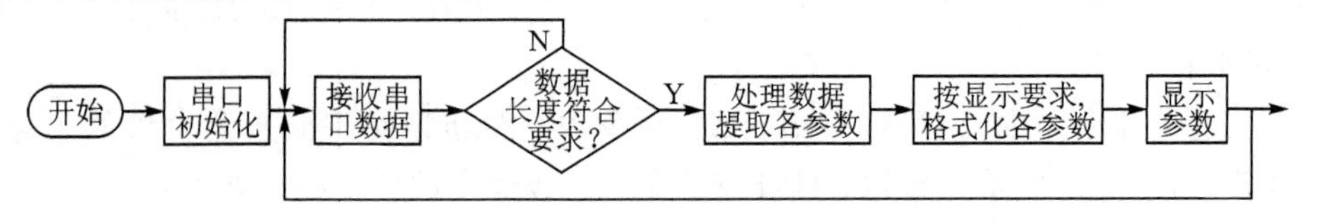

图 3－52　系统流程图

系统程序：

```
1  #include <reg51.h>
2  #include <intrins.h>
3
4  #define uchar unsigned char
```

```
5  #define uint unsigned int
6
7  uchar dataLength = 80;
8  uchar count = 0;
9
10  bit Flag1 = 0;
11  bit Flag2 = 0;
12  bit Flag3 = 0;
13
14  uchar idata uartBuffer[100] = {0};
15  uchar uartByte;
16
17  uchar idata uLatitude[14] = "W00 00'00.00";
18  uchar idata uLongitude[14] = "J000 00'00.00";
19  uchar idata uSpeed[10] = {0};
20  uchar idata uDate[9] = "D00/00/00";
21
22  sbit lcdRs = P3^5;
23  sbit lcdRw = P3^6;
24  sbit lcdEn = P3^7;
25
26  // 延时函数
27  void delay(unsigned int t)
28  {
29      unsigned int x,y;
30      for(x = t;x>0;x--)
31          for(y = 400;y>0;y--);
32  }
33
34  // LCD 写指令函数
35  void lcdWriteCmd(unsigned char cmd)
36  {
37      lcdRs = 0;
38      P1 = cmd;
39      delay(1);
40      lcdEn = 1;
41      delay(1);
42      lcdEn = 0;
43  }
44
45  // LCD 写数据函数
46  void lcdWriteData(unsigned char dat)
47  {
48      lcdRs = 1;
49      P1 = dat;
50      delay(20);
```

```
51      lcdEn = 1;
52      delay(20);
53      lcdEn = 0;
54  }
55
56  // LCD 清屏函数
57  void clear()
58  {
59      lcdWriteCmd(0x01);
60      delay(5);
61  }
62
63  // LCD 初始化函数
64  void lcdInit()
65  {
66      lcdEn = 0;
67      lcdWriteCmd(0x38);
68      lcdWriteCmd(0x0f);
69      lcdWriteCmd(0x06);
70      clear();
71      lcdWriteCmd(0x80);
72  }
73
74  // LCD 显示控制函数
75  void lcdDisplay()
76  {
77      unsigned char i;
78      lcdRw = 0;
79      lcdInit();
80
81      lcdWriteCmd(0x80);
82      for(i = 0;i<13;i ++ )
83      {
84          lcdWriteData(uLatitude[i]);
85      }
86
87      lcdWriteCmd(0x80 + 0x40);
88      for(i = 0;i<14;i ++ )
89      {
90          lcdWriteData(uLongitude[i]);
91      }
92      delay(500);
93      clear();
94
95      lcdWriteCmd(0x80);
96      for(i = 0;i<7;i ++ )
```

```
97          {
98              lcdWriteData(uSpeed[i]);
99          }
100
101         lcdWriteCmd(0x80 + 0x40);
102         for(i = 0;i<9;i ++ )
103         {
104             lcdWriteData(uDate[i]);
105         }
106         delay(500);
107         clear();
108     }
109
110     // GPS 经度提取函数
111     void removeLatitude(unsigned char temp)
112     {
113         uchar i,k = 0;
114         for(i = temp + 2;i<temp + 13;i ++ )
115             uLatitude[k ++ ] = uartBuffer[i];
116     }
117
118     // GPS 纬度提取函数
119     void removeLongitude(unsigned char temp)
120     {
121         uchar i,k = 0;
122         for(i = temp + 2;i<temp + 14;i ++ )
123             uLongitude[k ++ ] = uartBuffer[i];
124     }
125
126     // GPS 速度提取函数
127     void removeSpeed(unsigned char temp)
128     {
129         uchar i,k = 0;
130         for(i = temp + 2;i<temp + 9;i ++ )
131         {
132             if(uartBuffer[i] == ',') break;
133             uSpeed[k ++ ] = uartBuffer[i];
134         }
135     }
136
137     // GPS 日期提取函数
138     void removeDate(unsigned char temp)
139     {
140         uchar i,k = 0;
141         for(i = temp + 2;i<temp + 11;i ++ )
142             uDate[k ++ ] = uartBuffer[i];
```

```
143  }
144
145  // GPS 数据处理函数
146  void  uartBufferDeal()
147  {
148      uchar i,j;
149      uchar comma_n = 0;
150      for(i = 0;i<100;i ++ )
151      {
152          if(uartBuffer[i] == 'R')
153          {
154              comma_n = 0;
155              for(j = i;j<100;j ++ )
156              {
157                  if(uartBuffer[j] == ',')
158                      comma_n + = 1;
159                  if(comma_n == 2)
160                      removeLatitude(j);
161                  if(comma_n == 4)
162                      removeLongitude(j);
163                  if(comma_n == 6)
164                      removeSpeed(j);
165                  if(comma_n == 8)
166                      removeDate(j);
167              }
168          }
169      }
170  }
171
172  // 各参数格式转换函数
173  void formatControl()
174  {
175      uchar w[13],j[13],D[6],V[10];
176      uchar i;
177      for(i = 0;i<13;i ++ )
178      {
179          w[i] = uLatitude[i];
180          j[i] = uLongitude[i];
181      }
182      for(i = 0;i<6;i ++ )
183      {
184          D[i] = uDate[i];
185          V[i] = uSpeed[i];
186      }
187
188      uLatitude[0] = 'W';
```

```
189        uLatitude[1] = w[0];
190        uLatitude[2] = w[1];
191        uLatitude[3] = 0x20;//空格
192        uLatitude[4] = w[2];
193        uLatitude[5] = w[3];
194        uLatitude[6] = 0x27;//单引号
195        uLatitude[7] = w[5];
196        uLatitude[8] = w[6];
197        uLatitude[9] = w[4];//小数点
198        uLatitude[10] = w[7];
199        uLatitude[11] = w[8];
200        uLatitude[12] = 0x22;//双引号
201
202        uLongitude[0] = 'J';
203        uLongitude[1] = j[0];
204        uLongitude[2] = j[1];
205        uLongitude[3] = j[2];
206        uLongitude[4] = 0x20;//空格
207        uLongitude[5] = j[3];
208        uLongitude[6] = j[4];
209        uLongitude[7] = 0x27;//单引号
210        uLongitude[8] = j[6];
211        uLongitude[9] = j[7];
212        uLongitude[10] = j[5];//小数点
213        uLongitude[11] = j[8];
214        uLongitude[12] = j[9];
215        uLongitude[13] = 0x22;//双引号
216
217        uDate[0] = 'D';
218        uDate[1] = D[0];
219        uDate[2] = D[1];
220        uDate[3] = '/';
221        uDate[4] = D[2];
222        uDate[5] = D[3];
223        uDate[6] = '/';
224        uDate[7] = D[4];
225        uDate[8] = D[5];
226
227        for(i = 0;i<10;i++)
228        {
229            if(i == 0)
230                uSpeed[i] = 'V';
231            else
232                uSpeed[i] = V[i - 1];
233        }
234    }
```

```
235
236 //==============串口初始化函数=====================
237 void uartInit()
238 {
239     SCON = 0x50;
240     TMOD| = 0x20;
241     PCON| = 0;
242     TH1 = 0xFA;
243     TL1 = 0xFA;
244     TR1 = 1;
245     ES = 1;
246 }
247
248 //主函数
249 void main (void)
250 {
251     uartInit();
252     EA = 1;
253     while(1)
254     {
255         if(Flag1 == 1)
256         {
257             uartBufferDeal();
258             formatControl();
259             lcdDisplay();
260             Flag1 = 0;
261             count = 0;
262         }
263         ES = 1;
264     }
265 }
266
267 // 串口中断程序
268 void SerialInt (void) interrupt 4
269 {
270     if(RI == 1)
271     {
272         uartByte = SBUF;
273         if(uartByte == 'R')
274         {
275             Flag2 = 1;
276         }
277         if(Flag2 == 1)
278         {
279             uartBuffer[count ++ ] = uartByte;
280         }
```

```
281            if(count>=dataLength)
282            {
283                ES = 0;
284                Flag1 = 1;
285                Flag2 = 0;
286            }
287            RI = 0;
288        }
289    }
```

将如上程序代码装载到 Keil 中，编译和连接后即可生成相应的 HEX 文件。

程序解释：

第 1～2 行：头文件包含。用于调用单片机寄存器的定义和 intrins.h 头文件里的函数。

第 3～4 行：无符号数据的宏定义。

第 7 行：定义接收数据长度变量。

第 8 行：定义变量，用于接收数据的计数。

第 10～12 行：定义标志位，并初始化为 0。

第 14 行：定义 GPS 数据缓冲数组。

第 15 行：定义串口接收一次数据变量。

第 17～20 行：定义变量，用于存放从 GPRMC 语句提取的各个参数，包括经度、纬度、速度及日期。

第 22～24 行：定义 LCD 液晶的寄存器选择、读写控制和使能端口。

第 27～32 行：延时函数。

第 35～108 行：依次为 LCD 写指令函数、LCD 写数据函数、LCD 清屏函数、LCD 初始化函数和 LCD 显示控制函数。这些函数功能在 2.13 节已有描述，这里略去详细注释。

第 82～85 行：显示纬度。

第 88～91 行：显示经度。

第 96～99 行：显示速度。

第 102～105 行：显示日期。

第 110～143 行 GPS 参数提取函数，分别为纬度、经度、速度和日期提取函数。

第 114～115 行：从指定的起始位后推两位，循环取出 11 位。并将其存于纬度数组。其他参数的提取类同，不再详述。

第 146～170 行：对 GPS 数据进行处理。以“,”为标志，分别调用各 GPS 参数提取函数，将数据分别存入相应的各参数数组。

第 160 行：第 2 个“,”后、第 4 个“,”前的数据为纬度相关数据。将第 2 个“,”的位置作为纬度提取函数的参数，并调用纬度提取函数，完成纬度数据的分离与提取。经度、速度和日期的处理类同。

第 173～234 行：格式化提取出的各参数。

第 177～186 行：将各参数数据转存于临时变量中。

第 188～233 行：将临时变量值再按定义格式重新存放于第 17～20 行所定义的变量中。

第 237～246 行：串口初始化函数。设置波特率为 4 800 b/s、数据位 8 位、停止位 1 位，无校验位。

第 239 行：设置串口为允许接收状态、工作模式 1。

第 240 行：定时器工作方式 2。

第 241 行：设定 SMOD=0。

第 242 行：对应 4 800 b/s 波特率的定时初值。

第 243 行：用于自动重装值。

第 244 行：定时器 1 启动。
第 245 行：开串口中断。
第 249～265 行：主函数。
第 251 行：串口初始化。
第 252 行：开总中断。
第 253 行：一直循环。
第 255 行：数据长度符合条件，即执行相关语句。
第 257 行：调用串口数据处理函数。
第 259 行：进行各参数格式化。
第 259 行：调用液晶显示函数，显示各参数。
第 260 行：清除标志位。
第 261 行：清除计数值。
第 263 行：开串口中断。
第 268～289 行：串口中断函数。用于从串口接收待提取条目数据。
第 273～276 行：以“R”为标志，判断是否为待提取条目。
第 277～280 行：将接收数据存入数组中。
第 281～287 行：在接收完毕后，关闭串口中断，标志位清零，清除接收中断标志。

3.13.4　仿真环境搭建

根据题目要求，在 Proteus 7.7 中所需要的器件清单见表 3－21。选择好元器件后即可搭建本系统的仿真环境，如图 3－53 所示。另外，除了 Proteus 中的器件外，本次实验还需要虚拟 GPS 软件和虚拟串口软件，在这里选择的是比较常用的 Virtual GPS 和 Virtual Serial Port Driver。

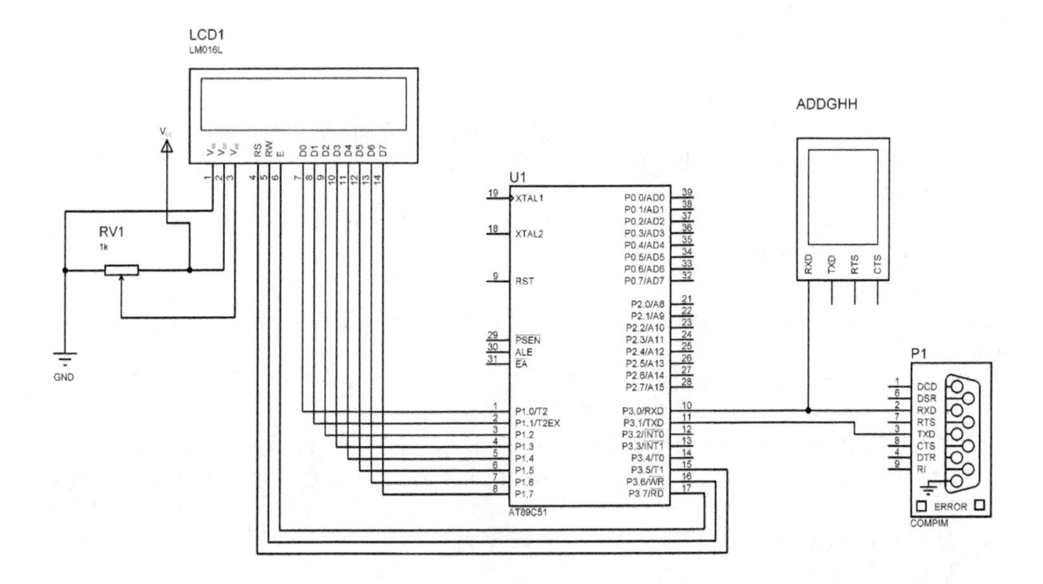

图 3－53　系统仿真电路图

表 3 - 21　实验所需器件清单

序　号	元器件	Proteus 关键字	数　量
1	AT89C51 单片机	AT89C51	1
2	液晶屏	LM016L	1
3	虚拟串口	COMPIM	1
4	虚拟终端	VIRTUAL TERMINAL	1
5	滑动变阻器	POT - HG	1

3.13.5　测试运行

① 虚拟串口。利用虚拟串口软件虚拟出一对串口。

② 打开并设置虚拟 GPS 软件。进入 Settings 选项，设置位置和时间等参数，选择刚虚拟的串口，并设置波特率为 4 800 b/s，如图 3 - 54 所示。

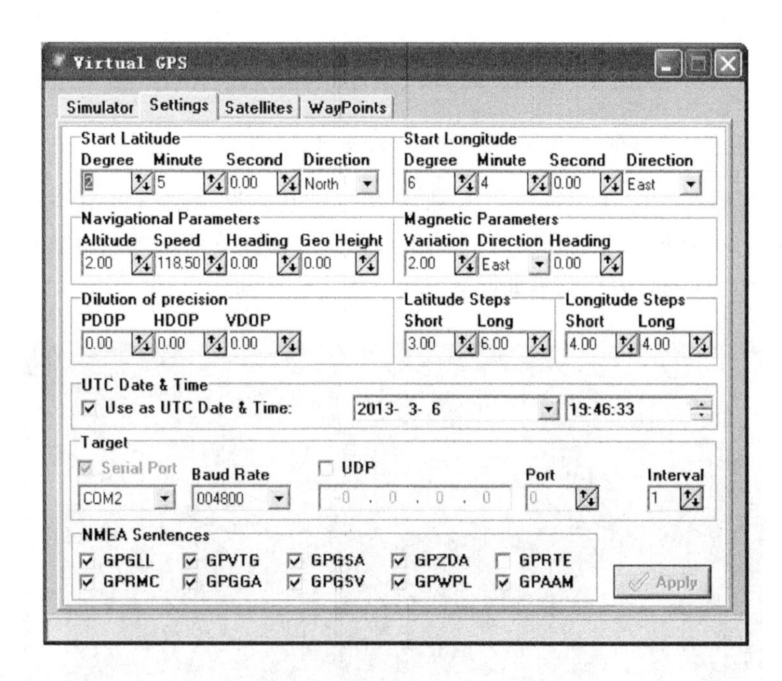

图 3 - 54　虚拟 GPS 软件设置窗口

③ 运行虚拟 GPS 软件。单击虚拟 GPS 软件运行按钮，如图 3 - 55 所示。

④ 设置仿真环境。在如图 3 - 53 所示的仿真电路中，双击单片机模型，载入所得到的 HEX 文件，设置 Clock Frequency 为 11.059 2 MHz。双击串口模型，设置串口模型的波特率为 4 800 b/s，并选择刚虚拟的串口。虚拟终端波特率也做相应设置。

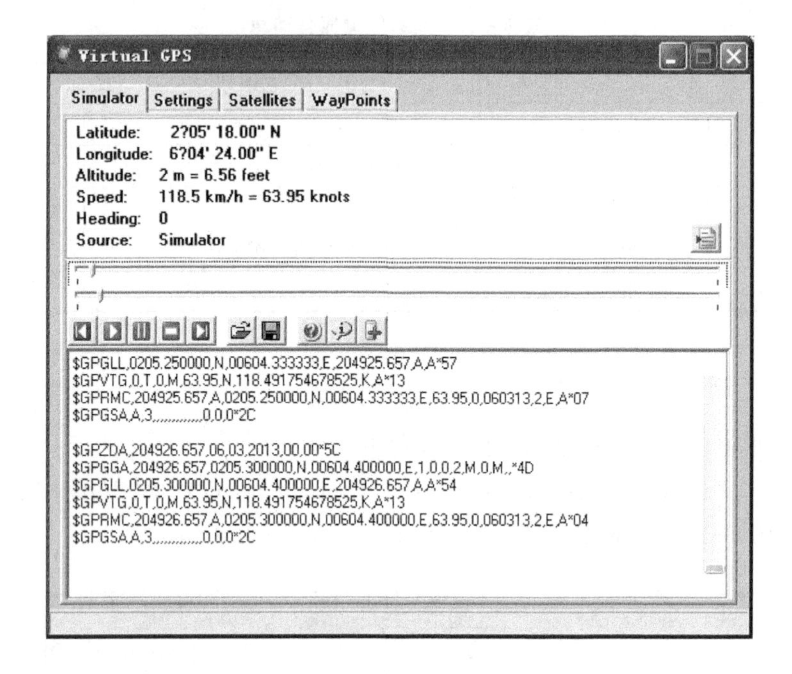

图 3-55　虚拟 GPS 软件运行窗口

⑤ 进行仿真。仿真正常即可看到虚拟终端上会显示通过虚拟串口接收到的 GPS 导航电文，如图 3-56 所示。同时在液晶屏上也能看到从导航电文中提取出来的位置、时间等信息，运行结果如图 3-57 和图 3-58 所示。

```
Virtual Terminal
$GPGSA,A,3,,,,,,,,,,,,,0,0,0*2C
$GPZDA,205539.657,06,03,2013,00,00*5F
$GPGGA,205539.657,0223.950000,N,00629.266667,E,1,0,0,2,M,0,M,,*4B
$GPGLL,0223.950000,N,00629.266667,E,205539.657,A,A*52
$GPVTG,0,T,0,M,63.95,N,118.491754678525,K,A*13
$GPRMC,205539.657,A,0223.950000,N,00629.266667,E,63.95,0,060313,2,E,A
$GPGSA,A,3,,,,,,,,,,,,,0,0,0*2C
$GPZDA,205540.657,06,03,2013,00,00*51
$GPGGA,205540.657,0224.000000,N,00629.333333,E,1,0,0,2,M,0,M,,*4B
$GPGLL,0224.000000,N,00629.333333,E,205540.657,A,A*52
$GPVTG,0,T,0,M,63.95,N,118.491754678525,K,A*13
$GPRMC,205540.657,A,0224.000000,N,00629.333333,E,63.95,0,060313,2,E,A
$GPGSA,A,3,,,,,,,,,,,,,0,0,0*2C
$GPZDA,205541.657,06,03,2013,00,00*50
$GPGGA,205541.657,0224.050000,N,00629.400000,E,1,0,0,2,M,0,M,,*4B
$GPGLL,0224.050000,N,00629.400000,E,205541.657,A,A*52
$GPVTG,0,T,0,M,63.95,N,118.491754678525,K,A*13
$GPRMC,205541.657,A,0224.050000
```

图 3-56　虚拟终端接收数据显示

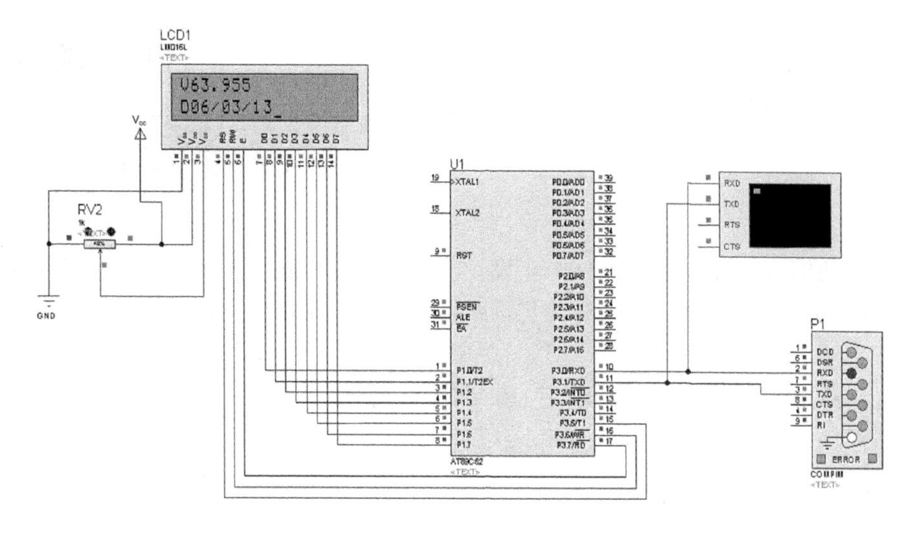

图 3-57　显示速度和时间的仿真结果

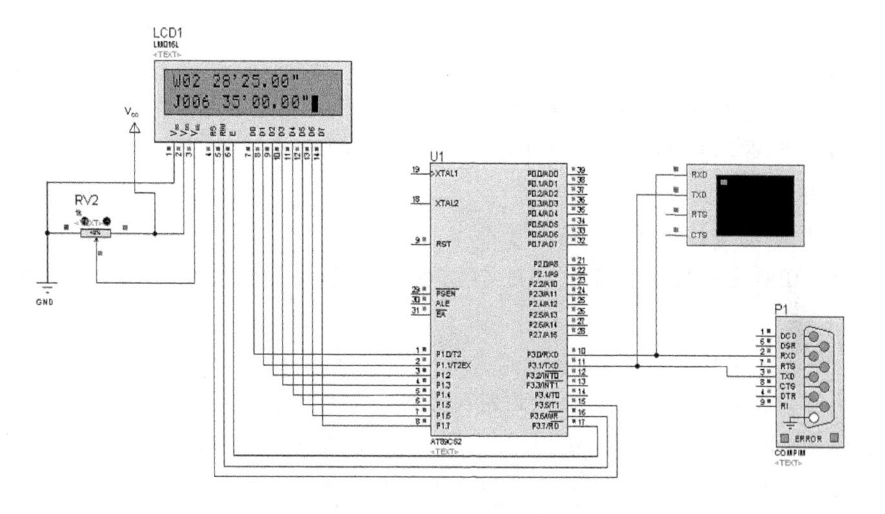

图 3-58　显示经纬度的仿真结果

3.13.6　小　结

该系统设计了简易 GPS 定位系统，并结合虚拟 GPS 软件，在 Proteus 7.7 中仿真实现了其功能。由虚拟 GPS 软件产生导航电文，并将导航电文通过虚拟串口发送给单片机。单片机处理之后在液晶屏上输出所采集到的位置、速度、时间等信息。

此设计可进一步完善后集成到其他系统中。

第 4 章

综合设计作品

本章的综合设计作品是部分毕业设计、学科竞赛作品。这里着重说明了系统方案、设计流程等。为避免重复,对前几章介绍过的器件使用不再做特别说明。

4.1 基于频率选择的光源跟踪系统设计①

4.1.1 任务与要求

任务:针对光源跟踪系统前期竞赛获奖作品易受外界光线干扰的缺点,改进设计一种光源跟踪系统。光源产生一定频率的光,跟踪子系统按照此频率捕获光并跟踪,从而有效避免其他外界干扰。

① 按照任务要求,查找文献做好前期研究。

② 学习掌握单片机的开发设计技术、步进电动机(或舵机)控制原理、滤波技术原理与使用。

③ 进行系统设计。撰写、修改论文。

要求:在研究过程中能阅读相关文献,重视实践,并将成果或技术应用于系统设计中。

注: 系统原设计要求见 2010 年陕西省"TI 杯"电子设计大赛 B 题。要求设计一个能够检测并指示点光源位置的光源跟踪系统。系统如图 4-1 所示,光源 B 使用单只 1W 白光 LED,固定在一支架上。LED 的电流能在 150~350 mA 的范围内调节。初始状态下光源中心线与支架间的夹角 θ 约为 60°,光源距地面高约 100 cm,支架可以用手动方式沿着以 A 为圆心、半径 r 约 173 cm 的圆周在不大于±45°的范围内移动,也可以沿直线 LM 移动。在光源后 3 cm 距离内、光源中心线垂直平面上设置一直径不小于 60 cm 的暗纸板。光源跟踪系统 A 放置在地面,通过使用光敏器件检测光照强度判断光源的位置,并以激光笔指示光源的位置。系统要求:光源跟踪系统中的指向激光笔可以通过现场设置参数的方法尽快指向点光源;将激光笔光点调偏离点光源中心 30 cm 时,激光笔能够尽快指向点光源;在激光笔基本对准光源时,以 A 为圆心,将光源支架沿着圆周缓慢(10~15 s 内)平稳移动 20°(约 60 cm),激光笔

① 该设计获 2011 年陕西省自动化学会优秀毕业设计一等奖。改进前的作品获 2010 年 TI 杯电子设计大赛一等奖。

能够连续跟踪指向 LED 点光源。

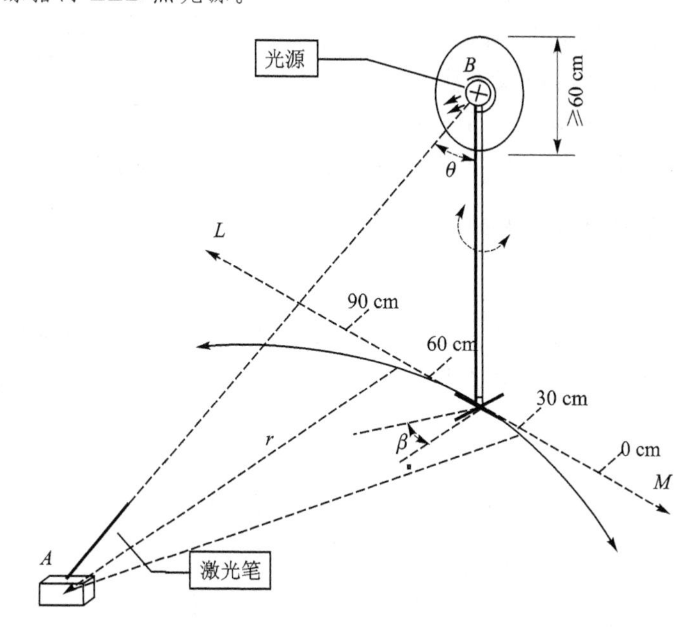

图 4-1　光源跟踪系统示意图

4.1.2　选题意义

光的测量及跟踪在新型的能源领域和图像领域有着很强的现实意义，基于光测量的光定位技术在各领域尤其是自动化领域有着重要应用，如光定位技术被应用于机器人系统，通过固定的红外线摄像机和红外或可见光传感器的一系列协同配合，达到定位的目的。本题提出的点光源跟踪系统方案简单可靠，测量效果良好，可实现高精度的光定位技术。

4.1.3　系统总体方案

若只根据光强度判断点光源的移动方向，系统受外界光线影响较大。因此这里提出一种改进的方案，即让发送端发送某一特定频率的光，而接收端只对该特定频率的光信号进行分析处理，从而可较好地抑制外界光的干扰。

本系统拟分光源发送端和光源跟踪端两个部分进行研究。光源发送端主要驱动 LED 灯发光，通过 PWM 控制其发出 1 kHz 频率的光，由 PWM 的占空比调节光线的强度。光源跟踪端采用光敏三极管采集光信号，用特定的滤波芯片实现中心频率为 1 kHz 的带通滤波，得到 1 kHz 频率的光信号，然后通过 A/D 转换对滤波后的信号进行数字化处理，分析转换数据，判断点光源的移动方向，然后控制舵机进行跟踪。

假设使用 3 个光敏三极管，其排列如图 4-2 所示。若 1＃通道采样值最大，表示点光源向左移动了，则控制舵机向左偏进行跟踪；若 3＃通道采样值最大，则控制舵机向右进行跟踪；若 2＃通道采样值最大，表示点光源并没有移动，舵机保持当前角度不变。

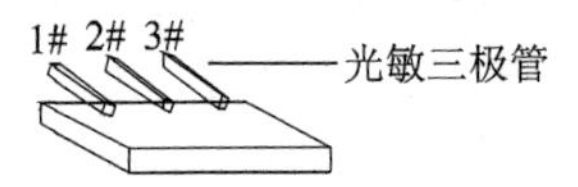

图 4-2　光敏三极管的排列

总之，系统将带通滤波技术应用于点光源的跟踪中，只对期望频率(1 kHz)的信号进行 A/D 采样、分析和控制，最终较好地抑制了外界干扰的影响，实现了精确跟踪。

4.1.4　光源发送端设计

1. 软件设计

发送端软件主要用于驱动 LED 发出 1 kHz 频率的光，可通过 PWM 的占空比调节发出光线的强度。主控制器选择 MSP430F2122，利用其定时器 A 的比较功能输出 PWM。

发送端源程序：

```
1   #include<msp430x21x2.h>
2   #define uint unsigned   int
3   #define uchar unsigned char
4   #define    Fpwm     1000
5
6  void init_fin_pwm()
7  {
8       P1SEL |= BIT2;  //选择 P1.2 作为 PWM 输出
9     P1DIR |= BIT2;
10    TACCR0 = Fpwm;    //输入信号周期 1 kHz
11      TACCR1 = 700;    //占空比  TACCR1 初始输出高电平
12      TACCTL1 = OUTMOD0 + OUTMOD1 + OUTMOD2; //输出模式选择
13    TACTL |= TASSEL1 + MC0 + ID1 + ID0;    //SMCLK, 8 divider
14  }
15
16  int main(void)
17  {
18      WDTCTL = WDTPW + WDTHOLD;
19      init_fin_pwm();
20      _EINT();
21      while(1);
22  }
```

将如上程序代码装载到 IAR 仿真环境中，编译和连接后即可生成相应的 HEX 文件。

程序注释：

第 1 行：头文件包含，表示可以调用 MSP430F2122 单片机的寄存器。
第 2～3 行：无符号数据的宏定义。
第 4 行：宏定义，1 000 表示输出信号的周期为 1 kHz。
第 6～14 行：配置 PWM 的寄存器初始化程序。第 8 行表示 P1^2 口作为 PWM 功能口。
第 9 行：表示 P1.2 为输出端口。

第 10 行：定时器 A 捕获寄存器 0 赋初值，初值为第 4 行宏定义值。

第 11 行：定时器 A 捕获寄存器 1 赋初值，该寄存器值决定占空比，700 表示初始占空比为 70%。

第 12 行：定时器 A 捕获功能控制寄存器赋初值，该初值表示输出为"复位/置位"模式（详见 MSP430F2122 单片机数据手册）。

第 13 行：定时器 A 控制寄存器赋初值，TASSEL1 表示定时器 A 的时钟源为 SMCLK；ID1 和 ID0 表示对时钟源进行 8 分频；MC0 表示定时器 A 工作于模式 0，即停止模式（详见 MSP430F2122 单片机数据手册）下。

第 16～22 行：主程序。

第 18 行：表示关闭看门狗。

第 19 行：表示调用 PWM 初始化函数。

第 20 行：表示开总中断。

第 21 行：死循环，让单片机一直处于工作状态。

2. 仿真环境搭建

在 Proteus 7.7 版本中，MSP430 单片机的关键字是 MSP430。在该系列单片机中选择 MSP430F2122 作为发送端的主控制器。在面板的空白处单击右键，选择 Place→Virtual Instrument→OSCILLOGRAPH 即可得到示波器的仿真元器件。选择好元器件，将示波器的端口 A 接上单片机的 P1.2 口，即可查看产生的 PWM 波形。搭建的光源发送端仿真环境如图 4-3 所示。

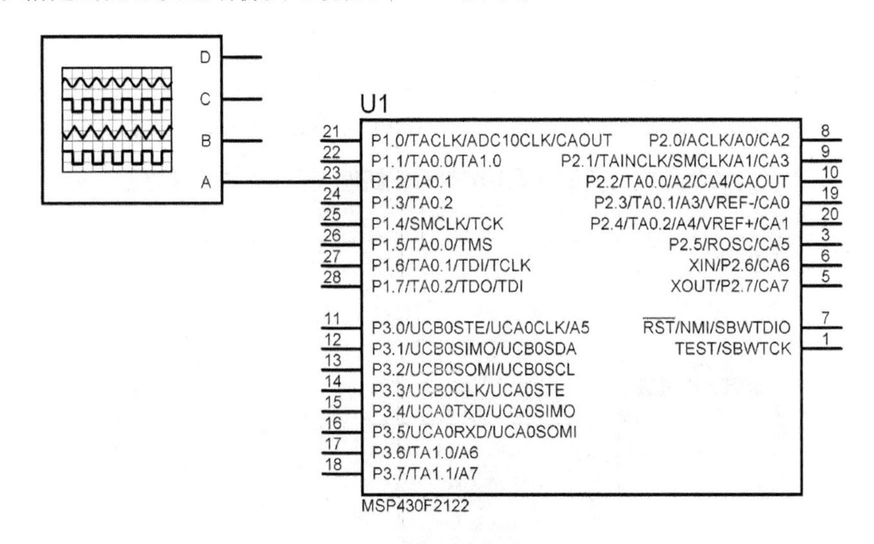

图 4-3　光源发送端仿真环境

关于配置 IAR 在 Proteus 中仿真的说明：

在对 MSP430 单片机系统进行 Proteus 仿真时，Proteus 中用的是 intel 架构的 HEX 文件，而 IAR 集成开发环境默认的是其 430 系列的 d43 文件格式，因此需对 IAR 进行一定的配置，使其输出 HEX 文件。

首先，选择正确的单片机。单击菜单栏的 Project→Options，得到如图 4-4 所示的对话框，单击左边的 General Options，在 Target 选项卡中的 Device 选项组中选择合适的单片机。选择的是 MSP430F2122 单片机。

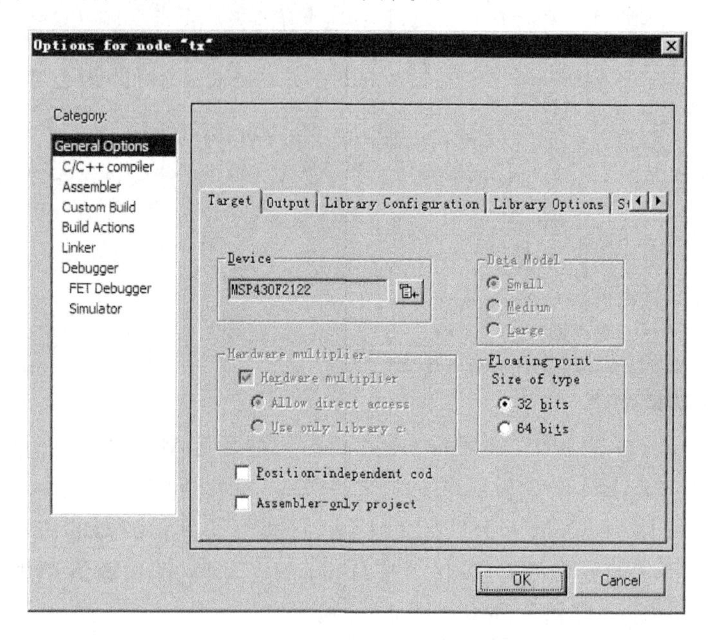

图 4-4　选择适当型号单片机对话框

然后，单击图 4-4 所示对话框左边的 Linker 选项得图 4-5 所示的界面，配置其 Output 选项卡。选中 Output file 选项组中的 Override default 复选框，并在下面将

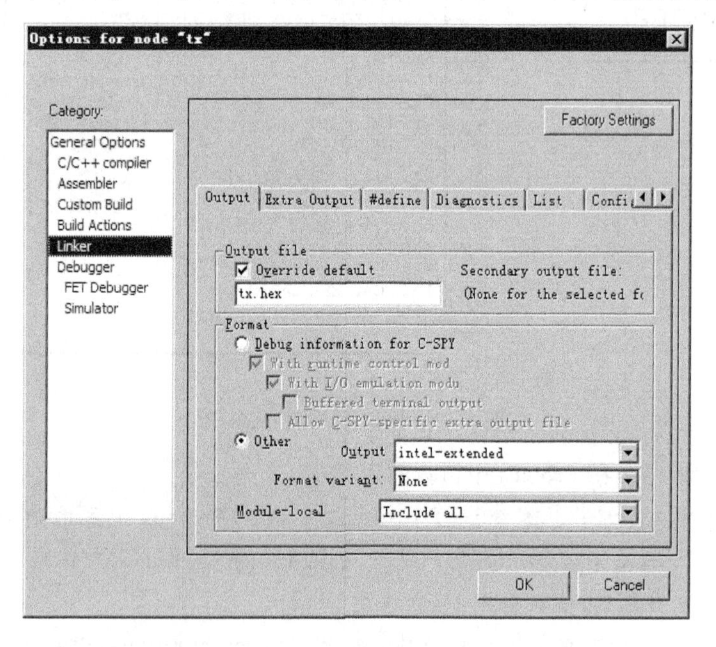

图 4-5　输出为 HEX 文件设置界面

其扩展名改为 *.hex。在 Format 选项中，选中 Other 单选按钮，配置其 Output 选项为 intel－extended，Format variant 和 Module－local 选项保持默认。配置完成后单击 OK 按钮退出。

最后，编译和链接后，查看 Debug\Exe 文件夹可以看到相应的 HEX 文件，如图 4－6 所示。

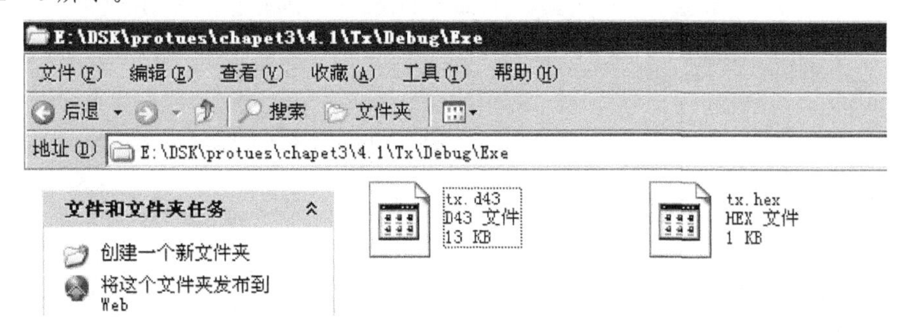

图 4－6　输出结果图

3. 测试及结果分析

在图 4－3 中双击单片机器件，然后在弹出的 Edit Component 对话框的 Program File 项中载入所得到的 HEX 文件，单击 OK 按钮，然后启动即可开始仿真。

修改源程序第 11 行的初值即可设置不同占空比，然后重新编译和加载，即可查看结果。这里选择 20％和 70％占空比情况下示波器的显示结果(见图 4－7)。

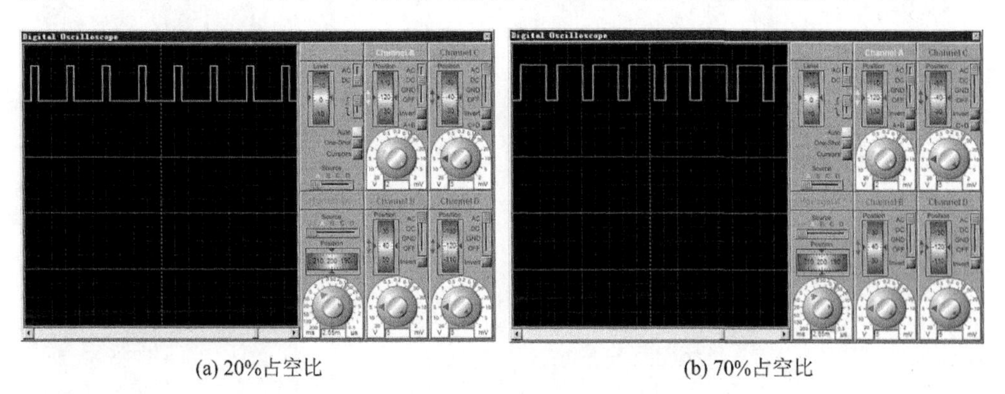

(a) 20%占空比　　(b) 70%占空比

图 4－7　发送端 PWM 仿真结果

4.1.5　光源跟踪端设计

1. 软件设计

跟踪端主要是对 3 个通道数据进行 A/D 转换，经分析后控制舵机进行跟踪。主控制器选择 MSP430F233，利用其内部 ADC12 模块进行 A/D 转换，利用定时器 A 的比较功能输出 PWM 控制舵机。

跟踪端源程序：

```
1   #include<msp430x23x.h>
2     #define uint unsigned  int
3   #define uchar unsigned char
4
5   #define      ADC_START()           {ADC12CTL0 |= ADC12SC;}
6   #define      ADC_STOP()            {ADC12CTL1 |= CONSEQ_1; \
7                                      ADC12CTL0 &= ~ENC;       \
8                                      ADC12IE &= ~BIT2;}
9   #define      ADC_ReInit()          {ADC12CTL1 |= CONSEQ_1; \
10                                      ADC12CTL0 |= ENC;        \
11                                      ADC12IE |= BIT2;}
12
13  uint A0Result = 13,A1Result = 13,A2Result =  13;
14  uchar ADCFlag = 0;
15
16  void InitPwm()
17  {
18      P1SEL |= BIT2;
19      P1DIR |= BIT2;
20      TACCR0 = 1000;
21      TACCR1 = 214;
22      TACCTL1 = OUTMOD0 + OUTMOD1 + OUTMOD2;
23      TACTL |= TASSEL1 + MC0 + ID1 + ID0;    //SMCLK, 8 divider
24      TACTL |= TAIE;        // TimerA interrupt Enable
25  }
26
27  void StepEngineCtrl(uint DutyCycle)
28  {
29          if(DutyCycle > 280)
30          {
31                  TACCR1 = 280;
32                  return;
33          }
34          if(DutyCycle < 150)
35          {
36                  TACCR1 = 150;
37                  return;
38          }
39          TACCR1 = DutyCycle;
40  }
41
42  /* ADC12 In Repeat-Sequence-of-Channels Mode */
43  void InitADC12_3(void)
44  {
45      P6SEL |= 0xFF;
46      ADC12CTL0 |= MSC + ADC12ON + SHT0_0;
47      ADC12CTL1 |= SHP + ADC12SSEL_3 + ADC12DIV_7 + CONSEQ_1;
```

```
48                                    // ADC12CLK = SMCLK, 8 divider
49      ADC12MCTL0 = INCH_0 + SREF_3;     // Vr+ = Veref  channel = A0
50      ADC12MCTL1 = INCH_1 + SREF_3;     // Vr+ = Veref  channel = A1
51      ADC12MCTL2 = INCH_2 + SREF_3 + EOS;     // Vr+ = Veref  channel = A2
52      ADC12IE |= BIT2;      // Enable ADC12IFG.2
53      ADC12CTL0 |= ENC;
54  }
55
56  void Ctrl(void)
57  {
58      if(ADCFlag)
59      {
60          ADCFlag = 0;
61          _DINT();
62
63          if((A0Result > A1Result) && (A0Result > A2Result))  // turn left
64                  StepEngineCtrl(TACCR1 + 10);
65          if((A2Result > A1Result) && (A2Result > A0Result))  // turn right
66                  StepEngineCtrl(TACCR1 - 10);
67          if((A1Result >= A0Result) && (A1Result >= A2Result)) //return center
68                  StepEngineCtrl(TACCR1);
69
70          _EINT();
71      }
72  }
73
74  int main(void)
75  {
76      WDTCTL = WDTPW + WDTHOLD;
77      InitPwm();
78      InitADC12_3();
79      _EINT();
80
81      while(1)
82      Ctrl();
83
84  }
85
86  #pragma vector = ADC12_VECTOR
87  __interrupt void ADC12ISR (void)
88  {
89          A0Result = ADC12MEM0;
90          A1Result = ADC12MEM1;
91          A2Result = ADC12MEM2;
92          ADC_STOP();
93          ADCFlag = 1;
94  }
```

```
95
96  #pragma vector = TIMERA1_VECTOR
97  __interrupt void Timer_A(void)
98  {
99          switch(TAIV)
100         {
101                 case 2: break;
102                 case 4: break;
103                 case 10:
104                                 ADC_ReInit();
105                                 ADC_START();
106                                 break;    //10ms
107         }
108 }
```

将如上程序代码装载到 IAR 仿真环境中，编译和连接后即可生成相应的 HEX 文件。

程序详细解释：

第 1 行：头文件包含，表示可以调用 MSP430F233 单片机的寄存器。

第 2、3 行：无符号数据的宏定义。

第 5 行：A/D 转换宏定义，表示配置寄存器开启 A/D 转换。

第 6～8 行：A/D 转换宏定义，表示配置寄存器停止 A/D 转换。

第 6 行：设置 A/D 转换模式。

第 7 行：禁止 ADC12 模块，第 8 行禁止 A/D 转换中断。

第 9～11 行：A/D 转换宏定义，表示配置寄存器重新初始化 A/D 转换。

第 9 行：设置 A/D 转换为多通道单次转换模式。

第 10 行：开启 A/D 转换。

第 11 行：使能 A/D 转换中断。

第 13 行：变量定义，申请内存放置 3 通道 A/D 转换数据。

第 14 行：变量定义，ADCFlag 为 A/D 转换完成标志位，其值为 1 表示 A/D 转换完成；值为 0 表示转换未完成。

第 16～25 行：配置 PWM 的寄存器初始化程序。

第 24 行：表示使能定时器 A 的中断，即当数据溢出时进入中断，运行中断服务子程序。其余内容在上节已经解释，这里不再赘述。

第 27～40 行：舵机转向控制子函数。经验证，Proteus 7.7 仿真环境下提供的舵机（MOTOR-PWMSERVO）在频率为 1 kHz 的情况下，占空比为 15%～28%，分别对应着 -90°～90°的转角，占空比为 21.4% 对应的转角为 -0.62°。因此，程序第 29～33 行当所给占空比大于 28% 时，占空比按 28% 算，对应舵机转动 90°。同理，当所给占空比小于 15% 时，舵机转动 -90°，如第 34～38 行程序所示；否则，输出给定的占空比。

第 43～54 行：A/D 转换寄存器初始化程序。

第 45 行：表示 P6 口作为其第二功能端口使用——A/D 转换通道。

第 46 行：ADC12 模块控制寄存器 0 赋初值，MSC 表示多通道采样和转换，SHT0_0 表示采样时间为 4 个 ADC12CLK，ADC12ON 表示开启 ADC12 模块。

第 47 行：ADC12 模块控制寄存器 1 赋初值，SHP 表示选择脉冲采样保持模式，ADC12SSEL_3 表示 ADC12 模块的时钟源为 SMCLK，ADC12DIV_7 表示对时钟源进行 8 分频；CONSEQ_1 表示设置 A/D 转换为多通道单次转换模式。

第 49 行：ADC12 模块转换存储控制寄存器 0 赋初值，INCH_0 表示 ADC12MEM0 寄存器存放 A0 通道的转换值，SREF_3 表示转换的参考正电压为单片机 VEREF + 引脚所接电压，参考负电压为电源地。

第 50 行：ADC12 模块转换存储控制寄存器 1 赋初值，其意义与第 49 行类似。

第 51 行：ADC12 模块转换存储控制寄存器 2 赋初值，EOS 表示序列转换终止，即只对 A0、A1 和 A2 三通道进行序列转换。

第 52 行：表示使能 ADC12IFG 的第二位，即当 A2 通道数据转换接受后进入中断。

第 53 行：使能 ADC12 模块。

第 56～71 行：数据分析模块子函数。

第 58 行：判断 A/D 转换是否完成，若完成则 ADCFlag 标志位清零，如第 60 行所示。

第 61～70 行：通过关闭与打开总中断设置一个程序的临界区，表示此区域内程序执行时不希望被中断打扰。

第 63～64 行：判断若 A0 通道采样值最大，则调用舵机转向控制子函数（第 27～40 行给定），控制舵机向左偏转，即舵机角度变大。

第 65～66 行：判断若 A2 通道采样值最大，则控制舵机向右偏转，及舵机角度变小。

第 67～68 行：判断若 A1 通道采样值最大，则控制舵机在当前位置不变。

第 74～84 行：主程序。

第 76 行：关闭看门狗。

第 77 行：调用 PWM 初始化函数。

第 78 行：调用 ADC12 模块初始化函数。

第 79 行：开总中断。

第 81 行：进入死循环。

第 82 行：单片机工作于调用数据分析函数的状态。

第 86～94 行：ADC12 模块的中断服务子函数。

第 86 行：IAR 环境提供的宏编译，在编译时识别，表示获取 ADC12 模块中断的地址。

第 89～91 行：获取转换数据，分别将其存储于第 13 行申请的内存变量中。

第 92 行：调用第 6 行定义的宏，停止 A/D 转换。

第 93 行：将 ADCFlag 置位，表示 A/D 转换结束，可以进行数据处理。

第 97～108 行：定时器 A 的中断服务子函数。

第 96 行：IAR 环境提供的宏编译，在编译时识别，表示获取定时器 A 中断的地址。

第 104 行：调用第 9 行定义的宏，重新初始化 ADC12 模块的部分寄存器。

第 105 行：调用第 5 行定义的宏，表示开始 A/D 转换。此函数表示每隔 10 ms 开启一次 A/D 转换。

以上所配置寄存器初值的意义详见 MSP430F233 单片机的数据手册。

2. 仿真环境搭建

在 Proteus 7.7 中，没有光敏三极管和滤波芯片的元器件。这里假设信号已经接收到并完成带通滤波，用滑动变阻器调节电压值进行 A/D 转换，以完成仿真。MSP430 单片机的关键字是 MSP430，在该系列单片机中选择 MSP430F233 作为接收端的主控制器。舵机的关键字是 MOTOR - PWMSERVO，滑动变阻器的关键字是 POT - HG。选择好元器件，将舵机的控制信号端接到单片机的 P1.2 上，并使单片机的 VEREF＋引脚和滑动变阻器的一端共电源。搭建的光源接收端仿真环境如图 4 - 8 所示。

3. 测试及结果分析

在图 4 - 8 中双击单片机器件，然后在弹出的 Edit Component 对话框的 Pro-

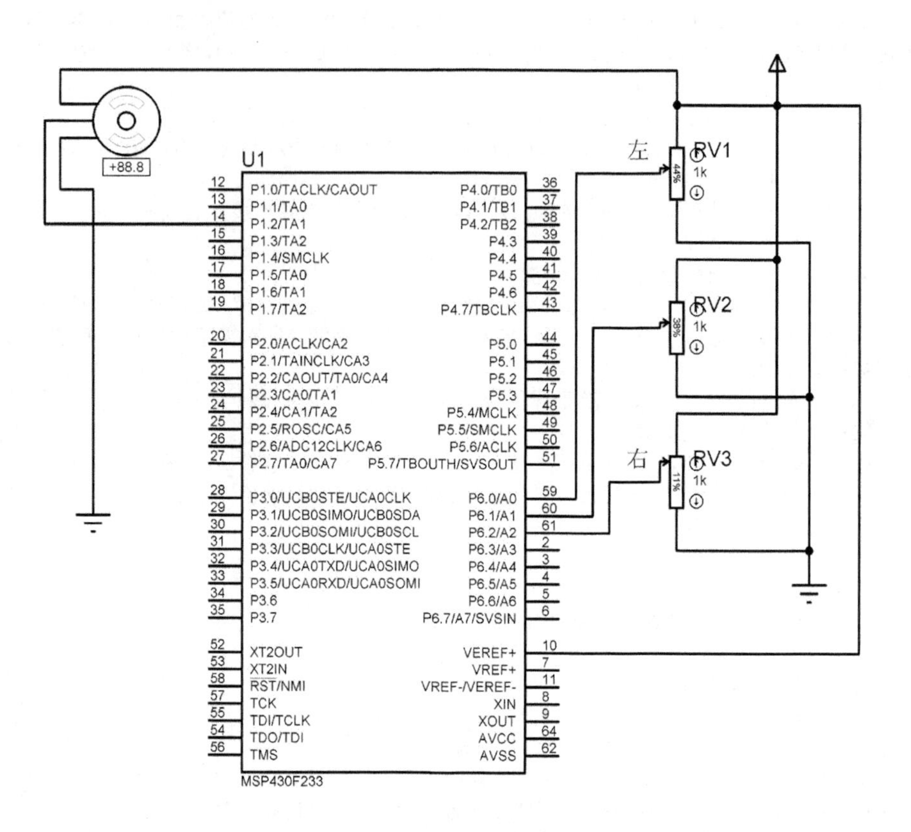

图 4-8　光源接收端仿真环境

gram File 项中载入所得到的 HEX 文件，单击 OK 按钮，然后启动即可开始仿真。滑动 3 个滑动变阻器中间的按钮以改变 A/D 转换的初值，如图 4-8 所示。若使 A2 通道的采样值最大，则舵机所得角度变小为－80.8°。如此即完成了整个点光源跟踪系统的仿真。

4.1.6　系统测试

在以上仿真基础上，通过搭建硬件电路完成设计作品。以下测试数据，仅供参考。

跟踪端传感器呈“一”字形排布，且只采用了一个舵机对点光源的左右轨迹进行跟踪，因此本文主要测试点光源沿圆弧运动的相关参数。激光与点光源的垂直距离表示两点的垂直距离，而非其直线距离，测试图如图 4-2 所示。在本题所设计的点光源 B（占空比为 10％的光照强度）旁放一个相同型号的点光源 C，点光源 C 由直流电源驱动，其发出的光不是以 1 kHz 为主要频率，但是亮度比点光源 B 大。经测试，跟踪端能完全屏蔽点光源 C 的干扰，依然跟踪点光源 B 的移动而移动，具体测试数据见表 4-1。

表 4-1　两个点光源比较

点光源 B 与 C 的距离/cm	10	30	50
激光笔指向的点光源	B	B	B
激光与所指向的点光源的垂直距离/cm	小于 1.0	小于 1.0	小于 1.0

以上数据的测试环境为：

① 所有数据均为 3 次以上的平均值。

② 阳光明媚的上午，实验室内。

③ 发送端与跟踪端的中心距离为 268.5 cm。

4.1.7 总　结

本设计用 Proteus 仿真软件和 IAR 搭配完成了点光源跟踪系统的仿真。仿真分发送端和跟踪端两部分完成。发送端主要仿真了 PWM 的形成过程，并通过示波器观察其波形。跟踪端主要仿真了 A/D 转换、数据处理方法及用 PWM 控制舵机等部分。

系统硬件设计与测试结果表明，系统满足设计要求，具有一定的实用价值。

4.2 一种移动式心电测试仪①

4.2.1 任务与要求

任务：设计一种便于随身携带的移动式心电测试仪。用户可通过此系统实时查看心电状态；系统还可实现心电状态的存储与回放。

① 按照要求，查找文献，做好前期调研。

② 掌握单片机开发设计技术、相应传感器原理与使用、单片机 USB 读写技术。

③ 进行系统设计。完成移动式心电测试仪设计。撰写论文。

要求：在研究过程中阅读相关文献，重视实践，并将成果或技术应用于系统设计中。

4.2.2 选题意义

科学技术的革新正推动着医疗领域的变革，医疗监护从传统的以医院内部临床医疗为主的模式逐步向以社区、家庭为基本单元的集院前预防、院内急救诊断治疗、院外康复监测以及日常家庭保健相结合的现代医疗卫生保障体系变革。突发性和偶

① 该论文被评为校优秀毕业论文。此作品所属的《应用于多场合的医疗监护系统》曾获 2011 年挑战杯大赛陕西省一等奖，全国三等奖，并已获国家实用新型专利。

然性疾病的发生，需要建立患者长期生理指标监测档案，使病情能够做到早发现、早预防的目的。

移动式心电测试仪具有便携、可靠、不受时间限制、集成度高、体积小、反应速度快、稳定性强等特点，能为不同疾病的正确分析、诊断、治疗和监护提供客观指标，可将采集到的信息利用 U 盘存储起来，以便后期治疗作为参考，且历史数据可在配套的软件上显示出直观的数据曲线。这种监测系统可以广泛应用于心电的常规检查中，具有重要的社会价值和经济价值。

4.2.3 系统总体方案

系统由单片机、信号采集装置和终端软件 3 部分组成。该系统采用 MSP430F149 单片机作为微处理器，它是系统的核心部件。单片机对实时采集来的数据进行分析及处理，然后通过文件管理控制芯片 CH376 将读取的数据写入 U 盘。U 盘中的数据在 LabVIEW 开发的上位机软件上可以方便直观地生成生理参数历史曲线。移动式心电测试系统的总体结构如图 4－9 所示。

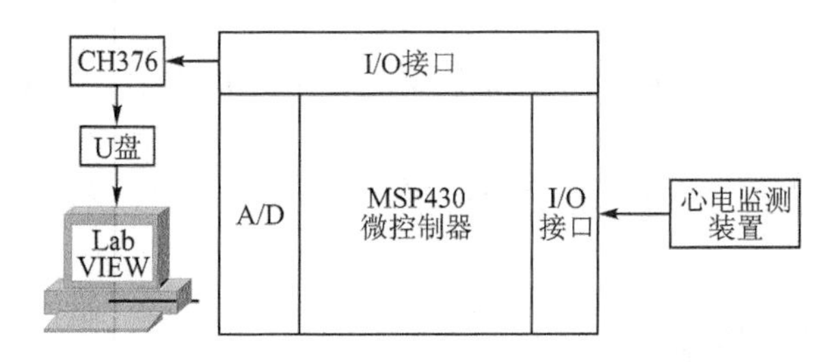

图 4－9　移动式心电测试系统总体结构图

4.2.4 心电信号采集电路设计

心脏是人体循环系统中重要的器官。正是由于心脏不断地进行有节奏地收缩和舒张活动，血液才能在闭锁的循环系统中不停地流动。心脏在机械性收缩之前，会产生电激动，这种心肌激动所产生的微小电流经过身体组织可传导到人体表面，从而使人体表面的不同部位产生不同的电位。

1. 心电信号特性

① 不稳定性。由于人体是一个与外界有着密切关系的开放系统，加上人体内部存在着器官间的相互影响，所以人体的电信号是动态变化的。因此，在对人体心电信号进行监测、分析和处理时，要注意它是随时间变化的。

② 微弱性。从人体表面拾取的心电信号非常微弱，一般只有 0.05～5 mV。

③ 随机性。人体表面的心电信号能反映人体机能，它属于人体整个系统信号的一部分。由于人体分布的不均匀性以及可接收多通道输入，信号容易随外界环境的干扰而发生变化，从而使人体的心电信号表现出随机性。

④ 低频特性。心电信号的频谱范围主要集中在0.05～100 Hz,分布的带宽范围非常有限,这个频率是比较低的。

2. 心电信号总体采集电路设计

由上述心电产生原理和心电特性基本了解了心电信号。人体电信号的本质是两点的电位差信号,直接加电极于身体并且通过一定的导联方式就可以观察到心电信号。导联方式即输入导线与电极放置在机体特定的测试部位(正输入端)、参比部位(负输入端)和接地部位的连接方式。常用的导联有4种:双极肢体导联,它是以两肢体间的电位差作为所获取的体表心电;单极肢体导联,表示一个单独点的电势变化;加压单极肢体导联,提高了所获得的心电信号的幅度;单极胸导联,探察电极安放在前胸壁上的6个固定位置。

比较以上4种级联方式,考虑到测量的方便性和准确性,我们选取了单极肢体导联。

心电信号采集流程如图4-10所示。

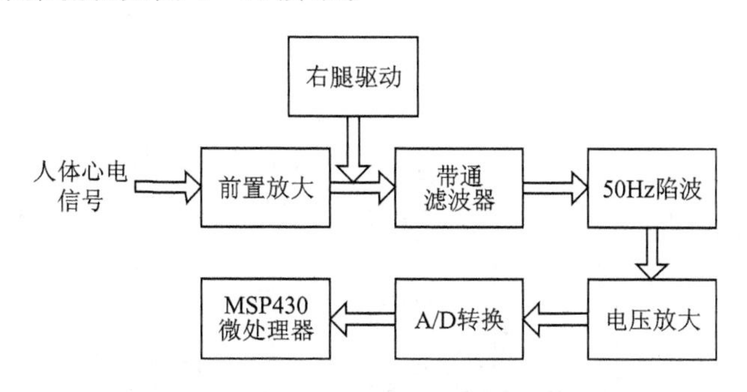

图4-10 心电信号采集流程图

3. 心电信号采集各部分电路设计

心电采集电路的设计包括了心电前置放大电路、带通滤波电路、50 Hz陷波电路、信号放大和电平抬升电路,以及右腿驱动电路等。

(1) 心电前置放大电路的设计

前置放大电路是采集心电信号的关键环节之一。由于人体的心电信号非常微弱、噪声影响很强、信号源阻抗比较大,电极引入的极化电压差值大(比心电差值幅度大几百倍),这在设计时就要求前置放大器应具有高共模抑制比、高输入阻抗、低噪声、非线性度小、低漂移、合适的频带范围和动态范围等性能。所以选用了AD620运算放大器,这是一种性价比较高的放大器,它的输入失调电压最大为50 μV,输入失调漂移为0.16 μV,共模抑制比为120 dB($G=10$),且最大电流只有113 mA。前置放大电路如图4-11所示。

AD620使用的电压是+5 V,允许最大输出电压范围为±3.8 V。而心电信号幅值在5 mV之内,加上共模直流偏移高达300 mV,所以AD620可以设置最大为12.45的增益。在该设计中,将其设置为11.5,经过计算可以得到:$R_G=4.7$ kΩ。

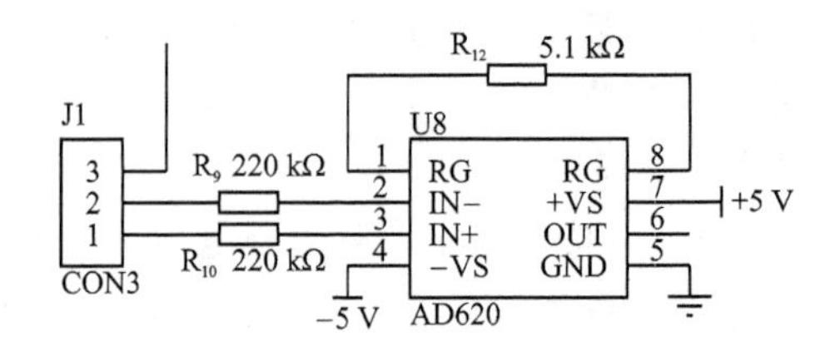

图 4-11　前置放大电路

(2) 带通滤波电路的设计

心电信号的频率主要集中在0.05～100 Hz，所以在设计时选取的频带范围为0.03～110 Hz，以此来滤除心电信号主要频率以外的信号。带通滤波器是由高通滤波器和低通滤波器组成，电路设计采用OP07系列运放芯片。该芯片具有低输入偏置电流、高开环增益、高精度、低功耗等特点。100 Hz低通滤波和0.05 Hz高通滤波电路如图4-12所示。

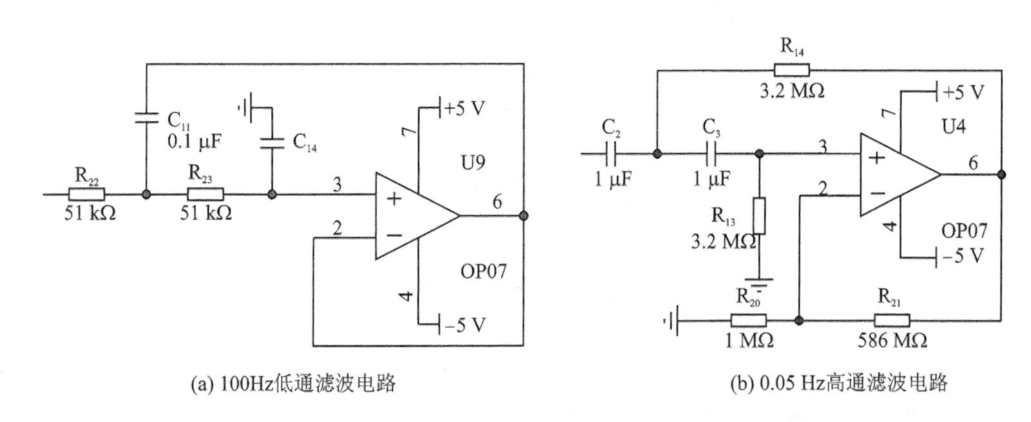

(a) 100Hz低通滤波电路　　(b) 0.05 Hz高通滤波电路

图 4-12　带通滤波电路

(3) 50 Hz陷波电路设计

在实际的环境中，还存在着很多的干扰，例如比较常见的环境电场和电磁场的干扰。人的体内大部分是导电能力比较强的体液，而人体表面则是一层导电能力相对较差的皮肤。当人体处在空间环境中时，空间存在的各种电场和电磁场势必通过传感器或仪器的导线耦合到人体，这对测量形成很大的干扰。最常见的干扰是工作频率为50 Hz的电场所产生的干扰。为了抑制这种电场干扰，需要对连接人体的导线及测量系统进行电屏蔽处理和保证测量系统接地良好，并加入陷波处理电路。

为了消除50 Hz的干扰，特选用双"T"滤波器(Active Twin-T Filter)。此电路是较为经典的陷波电路，应用范围比较广泛，从输出信号反馈到双"T"网络的环节中加入运放作为跟随效果更好。调节P2的比例可以改变Q值。陷波器原理设计如图4-13所示。

其中K为反馈系数，此反馈系数将由图4-14中的R_4、R_5决定反馈量并影响电

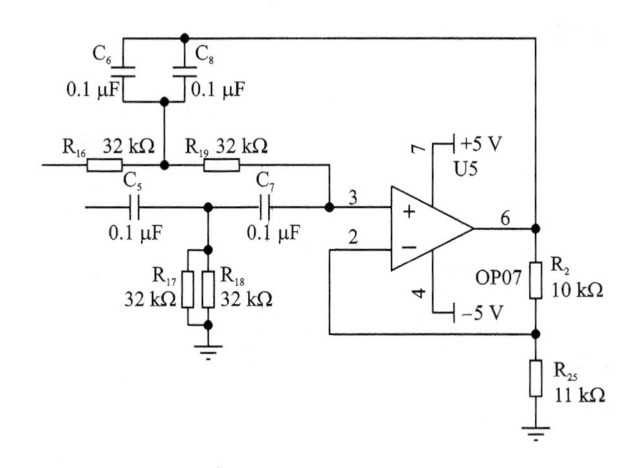

图 4-13　陷波电路图

路的 Q 值。此电路双"T"陷波器制作的性能，主要取决于匹配条件，它们决定了双"T"陷波器的对称性。

(4) 信号放大和电平抬升电路的设计

心电信号幅度为 0～5 mV，而 A/D 转换器的输入信号要求为 0～2.5 V。因此，整个电路需要放大 500 倍左右，而前面的电路放大约 100 倍，因此本级放大倍数设计为 10 倍左右。信号经过调理以后，从陷波器输出的心脏电信号变为交变信号，而 A/D转换需要输入电压范围为 0～2.5V。因此，信号在送入 A/D 转换器之前还需进行电平抬升。电平抬升及放大电路如图 4-14 所示。

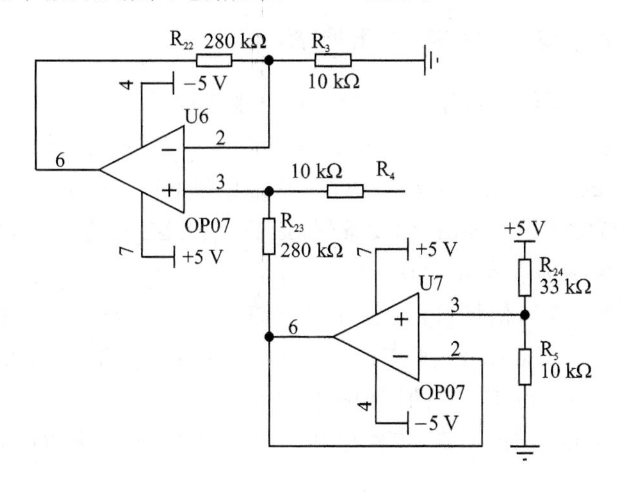

图 4-14　电平抬升及放大电路

(5) 右腿驱动电路

右腿驱动电路的实质就是右腿不接地，而由电阻接到负反馈放大器以减小干扰的方法。采用右腿驱动电路有效地解决了隔离和克服人体与公共端的高阻抗问题。

右腿驱动电路结构如图 4－15 所示。

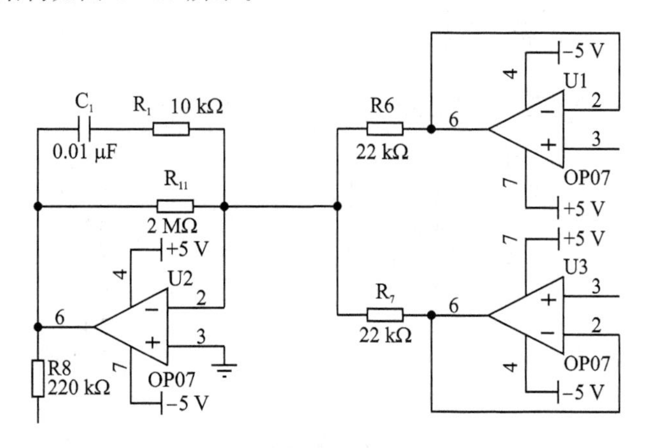

图 4－15 右腿驱动电路结构图

(6) 心电信号采集总结

要想获得清晰稳定的心电信号，心电放大器的前置放大器与滤波器的设计就非常关键，特别是 50 Hz 的带阻滤波器尤其重要。该设计以 AD620 运放构成的心电放大器可实现输出电压高增益、低噪声、高灵敏度，保证心电信号清晰稳定。经实际测量，输出波形基本无失真，P 波、T 波都能得到真实显示。特别是该电路抗 50 Hz 陷波性能好，信号中基本看不到寄生工频干扰。电路稳定性高，即使电极脱落，基线亦无明显漂移，可以满足家庭监护以及病理分析的要求。

4.2.5 数据存储模块及应用电路

CH376 是文件管理控制芯片，用于单片机系统读写 U 盘或者 SD 卡中的文件。它支持 USB 设备方式和 USB 主机方式，并且内置了 USB 通信协议的基本固件、处理海量存储设备的专用通信协议的固件、FAT16 和 FAT32 以及 FAT12 文件系统的管理固件，支持常用的 USB 存储设备(包括 U 盘/USB 硬盘/USB 闪存盘/USB 读卡器)和 SD 卡(包括标准容量 SD)。

CH376 支持 3 种通信接口：8 位并口、SPI 接口和异步串口。不同控制器可以通过上述任何一种通信接口控制 CH376 芯片，存取 U 盘、SD 卡中的文件或者与计算机通信。图 4－16 为 CH376 的应用框图。

数据存储电路的设计：5 V 工作电压下 CH376 芯片操作 U 盘的应用电路如图 4－17 所示。

4.2.6 LabVIEW 在心电显示中的应用

LabVIEW 是一种程序开发环境，它使用图形化编辑语言编写程序，产生的程序是框图的形式，它被广泛地应用在工业界、学术界和研究实验室，是一个标准的数据

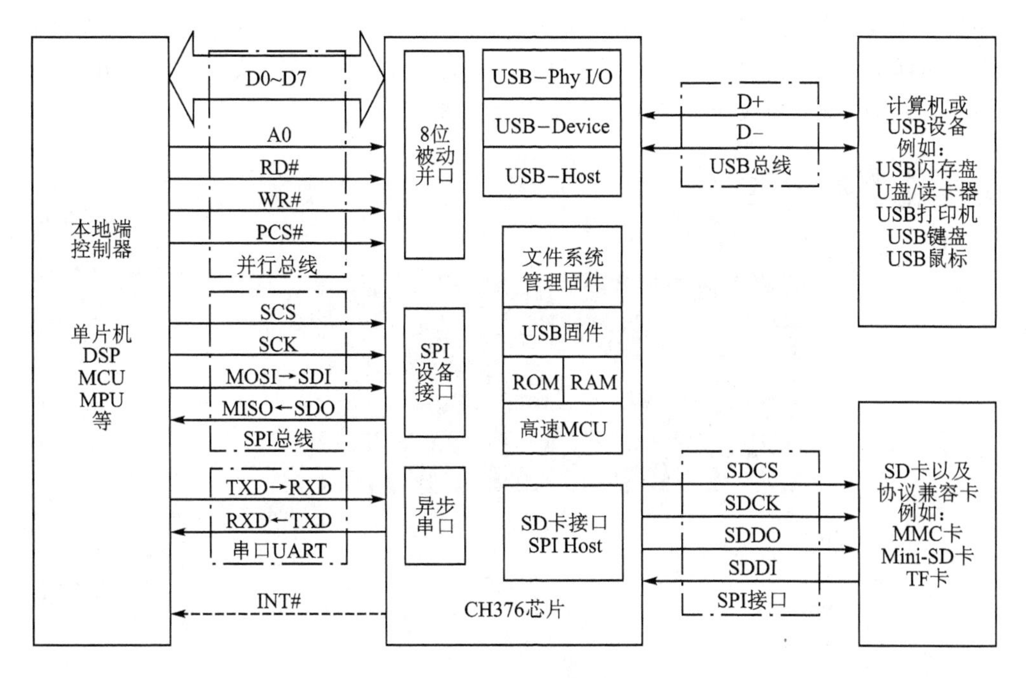

图 4-16　CH376 的应用框图

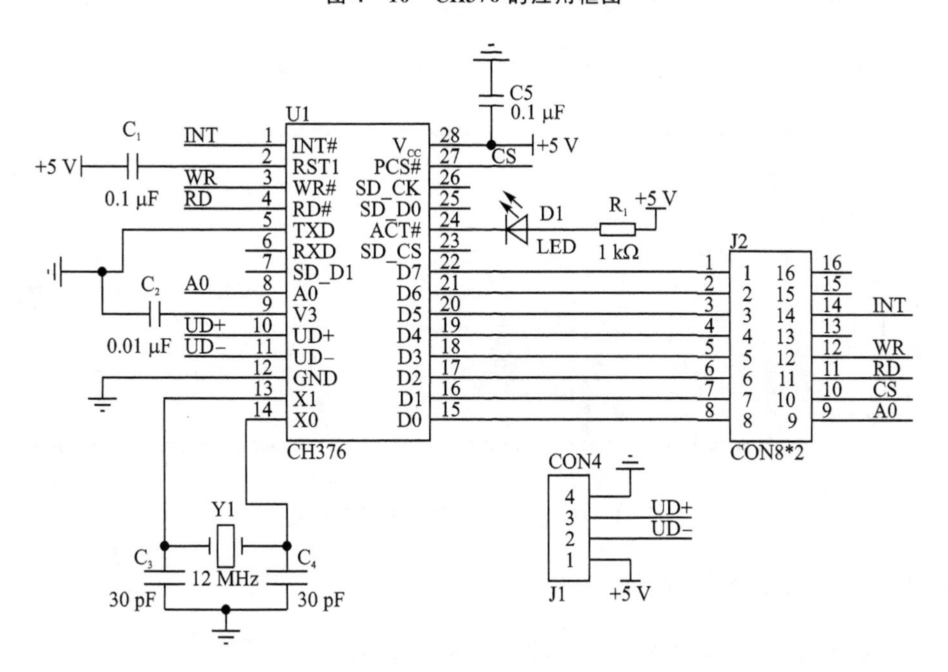

图 4-17　CH376 应用电路

采集和仪器控制软件。

LabVIEW 的程序设计主要包括前面板和程序框图的设计。前面板主要提供给用户一个友好的人机交互界面，进行简单的人机交互，即对虚拟仪器的操作；程序框图则是虚拟仪器的内脏，主要是用“G”语言编写的虚拟仪器程序。图4-18和图4-19所示分别为还原心电波形的软件前面板和程序框图。

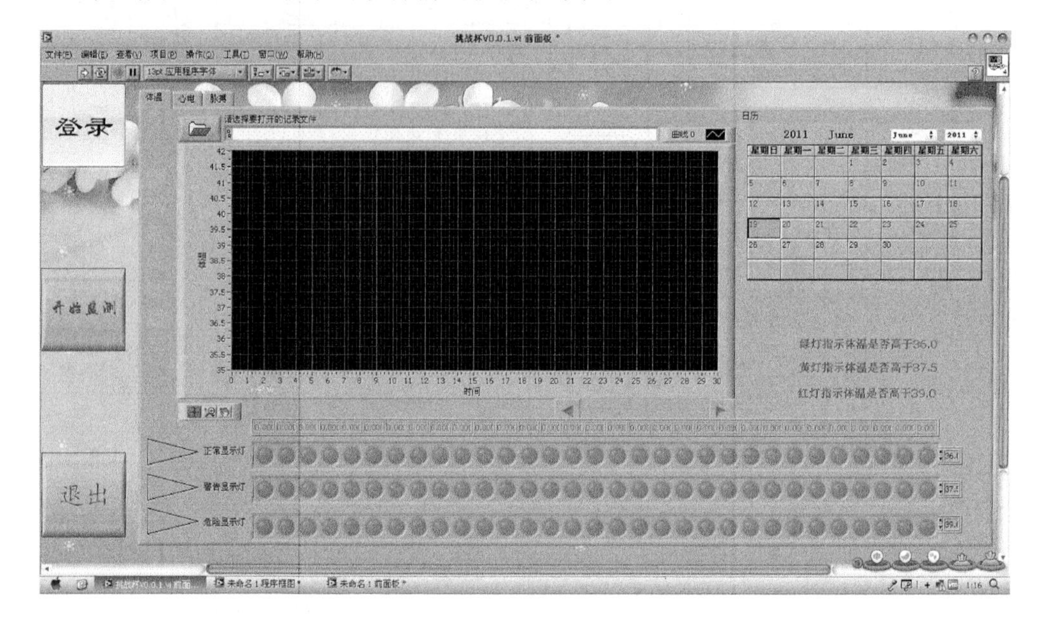

图4-18　还原心电波形的软件前面板

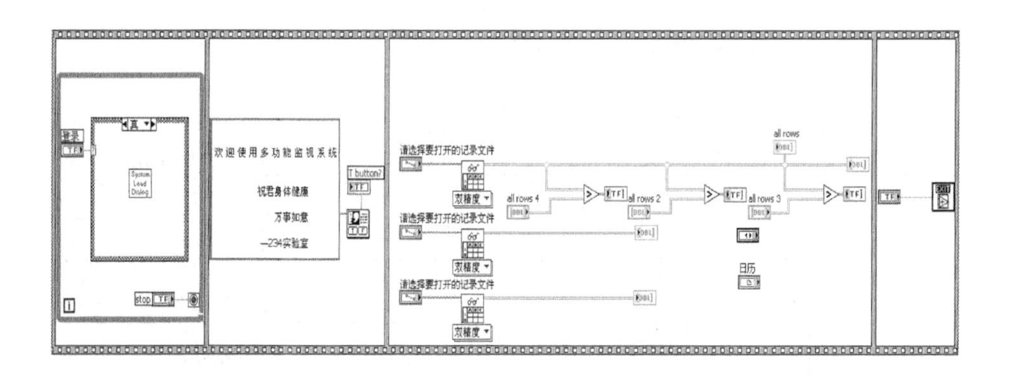

图4-19　还原心电波形的程序框图

4.2.7　系统软件设计

该系统的软件设计主要分为生理参数采集、数据存储两部分。

1. 心电参数采集总体流程及初始化

系统整体流程如图4-20所示。图中，各模块初始化包括时钟、串口，A/D转换器、储存模块、定时器等。其初始化流程如图4-21所示。

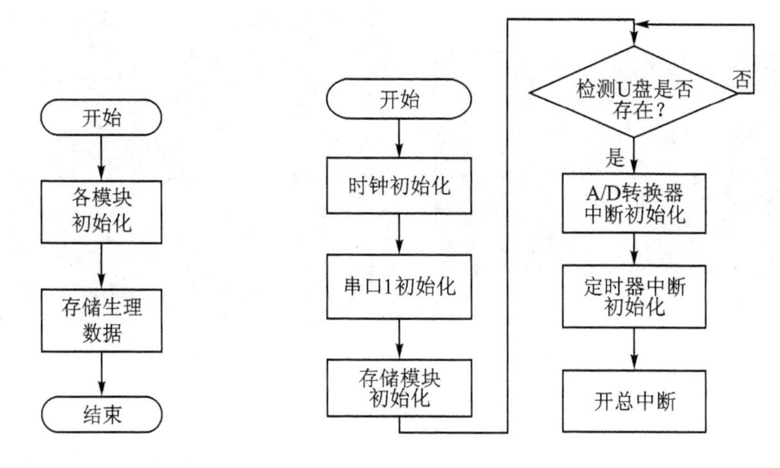

图 4－20　系统整体流程　　**图 4－21　初始化流程图**

2. 心电参数的采集并存储

心电参数的采集采用序列通道 A/D 转换的方式，在适当的时间将所需的数据依次存入 U 盘。存储部分包括检测文件的存在、创建文件、读写文件、关闭文件等；采用定时中断对心电参数进行采集，中断返回后在主函数中将数据存入对应文件。生理参数的采集及存储流程如图 4－22 所示。

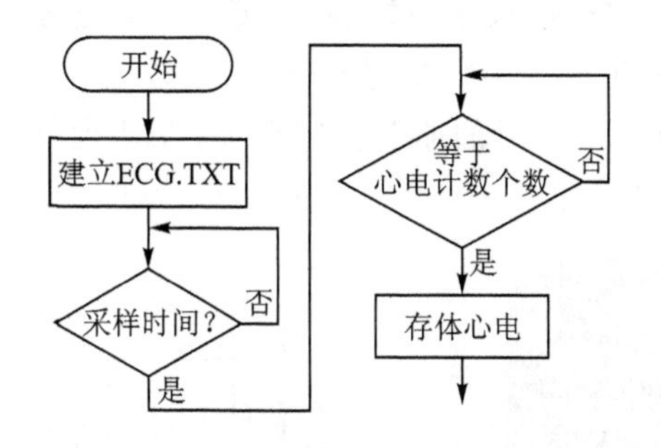

图 4－22　生理参数的采集及存储流程图

4.2.8　系统测试与总结

该设计基于 LabVIEW 开发了心电还原显示软件。日常生活中人们只需要及时将自己的心电数据记录下来存入 U 盘，就可用上位机软件 LabVIEW 还原心电图，医生可根据这些心电数据给出诊断。图 4－23(a)是用 LabVIEW 软件还原的心电图，图 4－23(b)是实际测量时示波器窗口显示的波形。通过该图能清晰观测到 P，Q，R，S，T 波。观察得知此系统能较为真实地还原历史波形。

系统完成了移动式心电测试仪的硬件设计、软件设计及调试测试工作。后续在以下两方面可进一步完善：

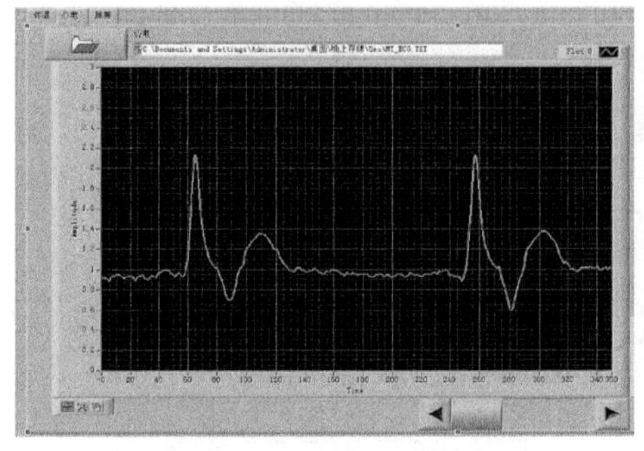

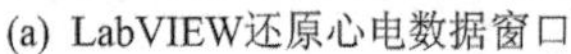

(a) LabVIEW还原心电数据窗口

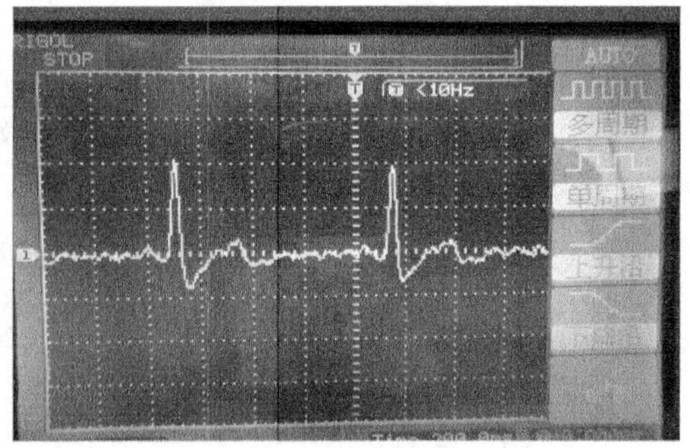

(b) 示波器观察心电原始波形窗口

图 4-23　测试所得心电波形

① 系统硬件优化：实现更小体积，提高精确度，加入更多的检测模块（如血糖浓度等），添加 Wi-Fi 功能，实现远程医疗诊断等。

② 系统软件完善：提高软件的人性化，添加其他实用软件模块，增强用户体验。

4.3　一种电子式温度调节器[①]

任务：设计一电子式温度调节器，对如图 4-24 所示的帕尔帖（Peltier）温度控制装置内的温度实现快速、准确、稳定地控制，并能够实时显示装置内的温度。（注：该任务为 2010 年 TI 杯模拟电子系统专题邀请赛 B 题）

要求：按照如图 4-25 所示的曲线控制温度；在达到每一个指定温度点时须有 LED 指示，并显示温度值。

图 4-24　帕尔贴温度控制

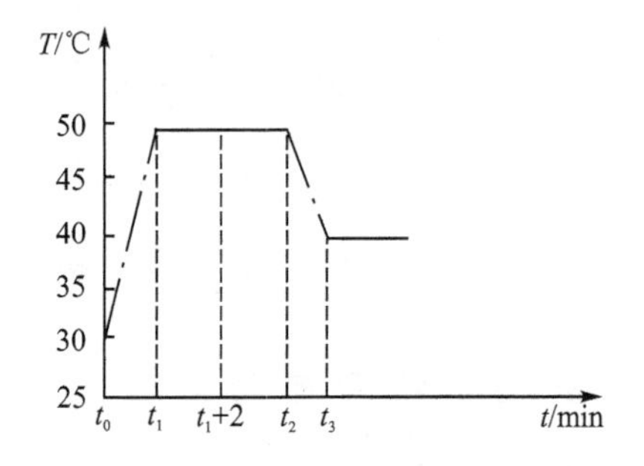

图 4-25　温度控制

① 首先迅速将温度控制在 30℃；

② 然后快速升温至 50℃；

③ 将温度稳定地控制在 50℃并保持 2 min；

① 本作品获全国大学生电子设计竞赛——2010 年 TI 杯模拟电子系统专题邀请赛三等奖。

④ 任意间隙地启动装置内风扇(手控),仍能将温度稳定地保持在 50℃;

⑤ 再迅速将温度降低至 40℃;

⑥ 将温度控制在 30～60℃之间的某一指定值;

⑦ 其他自主发挥。

连续完成上述各项要求。每项要求中,温度波动应控制在±2℃以内,控制调节时间不得超过 3 min,否则视作失败。

该设计使用继电器与 MSP430F2274 单片机制作了一种电子式温度调节系统,主要包括继电器驱动模块、信号检测模块、A/D 转换及显示模块、反馈信号调节模块 4 部分。该设计基本完成了题目要求,可实现温度控制在 30℃,然后将温度迅速调节至 50℃,并保持 2 min,当内置风扇启动后,温度仍能保持在 50℃左右,然后迅速降至 40℃。也可通过按键设置 30～60℃内某一特定的值,并能保持在其左右。

4.3.1　系统方案

1. 方案比较与选择

(1) 主控芯片选择及比较

方案 1(选用 MSP430 系列):MSP430 的功耗之低是众所周知的,而且拥有丰富的模拟和数字接口,最重要的是简单易用,在国内各高校已经得到广泛的应用。主要应用领域是超低功耗设计。

方案 2(选用 C2000 系列):C2000 数字信号控制器具有很强的运算处理能力,主要应用于做实时运算和高速外设的场合。

由于要在低功耗环境下运行程序,所以我们选择 MSP430 系列单片机,而且在 MSP430 系列中我们最熟悉的是 MSP430F2274,因此最终选择 MSP430F2274 单片机作为主控制芯片。

(2) 显示模块选择及比较

方案 1(采用 LED 数码管):显示效果直观、明亮,是单片机和人对话的一种重要输出设备。但是 LED 显示位数有限,且用多位 1 体的数码管每一位都需要接三极管驱动,显示才能正常,电路较复杂。显示的位数越多,所需单片机分配的 I/O 口越多。另外,在扫描显示电路中,显示器数目不易太多,一般在 12 个以内;否则,会使人觉察出显示器在分时轮流显示。

方案 2(采用 LCD1602 点阵式液晶显示器):该器件由单 5 V 电源电压供电,低功耗,内置 192 种字符(160 个 5×7 点阵字符和 32 个 5×10 点阵字符),具有 64 字节的自定义字符 RAM,可自定义 8 个 5×8 点阵字符或 4 个 5×11 点阵字符,但用它来显示一个字符是比较复杂的。

方案 3(采用 LCD12864):是一种图形点阵液晶显示器,它主要采用动态驱动原理由行驱动控制器和列驱动控制器两部分组成了 128(列)×64(行)的全点阵液晶显示,即显示 8(列)×4(行)的汉字,功能相对强大,连线简单。如需节省 I/O 口资源还可采用串行液晶显示。

方案 4(采用 Nokia5110)：显示范围宽广，基本不受限制，采用串行接口与主处理器进行通信，接口信号线数量大幅度减小，包括电源在内的信号线仅有 9 条；支持多种串行通信协议，传输速率高达 4 Mb/s，可全速写入显示数据，无等待时间。LCD 控制器/驱动器芯片已经绑定到 LCD 晶片上，模块的体积很小。

纵观以上方案，并结合作品自身的要求及使用范围，我们采取方案 3 作为整个电路的显示模块。

(3) 帕尔贴器件驱动方式比较及选择

由于题目中要求帕尔贴器件能够快速达到较高的温度，所以帕尔贴器件的驱动设计就成为了该设计的重点之一。

在设计中，对以下两种方案进行了论证。

方案 1(应用 MOS 管搭建全桥电路)：即应用驱动电路放大引脚电压。这种方案的优点在于帕尔贴器件的驱动电压可调节，因此对于帕尔贴器件的控制就可以细分，但是由于 MCU 引脚的驱动电流非常小，即使放大也不一定能达到要求的供电电压。因此，这种方案可能无法在规定的时间使帕尔贴器件达到要求的温度。

方案 2(应用继电器弱电控制强电)：即用单片机控制继电器的通断。这种方案的优点在于可以在继电器的另一端接较大的驱动电压，因此帕尔贴器件的温度就可以比较快地升至要求值，但是在这种方案下，帕尔贴器件的驱动电压无法调节，可能最后得到的温度值误差偏大。所以，这种方法对温度调节的准确度有一定影响。

该设计采用的是方案 2，因为在测试中发现帕尔贴器件升温、降温都很缓慢，所以需要较大的电压进行供电，且精度能达到要求。

2. 方案描述

由继电器控制 12V 电压的通断驱动帕尔贴器件，用 Pt100 型铂热电阻检测帕尔贴器件的信号将其转换成电压信号，对于最主要的几个传感器的电压信号进行放大、滤波，将处理过的电压信号输入到单片机进行 A/D 转换，根据 A/D 转换值的大小求取温度值，然后通过与设定值进行比较以判断系统需要继续供电还是断电。系统框图如图 4-26 所示。

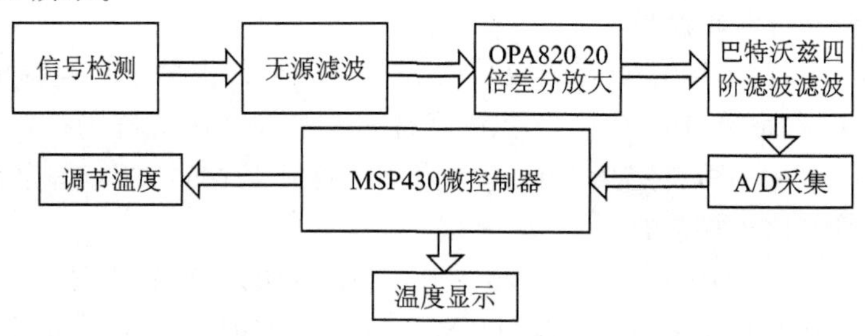

图 4-26　系统框图

4.3.2　理论分析计算

1. 放大器的设计与计算

TI 公司提供了多种精密、功能齐全的运算放大器。该设计采用 Pt100 型铂热电阻对温度进行采集。由于 Pt100 型铂热电阻对温度变化十分敏感，但是变化幅度太小，所以用运算放大器作适当处理。该设计中采用了 OPA820 设计差分放大电路（见图 4－27），当 $R_2/R_1 = R_f/R_g$，$V_0 = R_f/R_g \times (V_1 - V_2)$，可通过改变 R_f、R_g 的值来调整放大倍数，调试出适合的放大倍数。

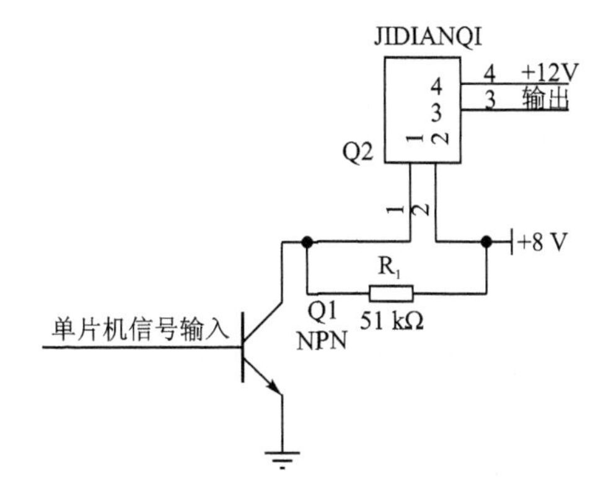

图 4－27　帕尔贴驱动电路

2. 滤波电路设计

滤波电路采用巴特沃斯四阶低通开关电容滤波器 TLC04ID。需要的电压信号是一个较为稳定的值，采用一般的无源滤波电路达不到效果，巴特沃斯滤波器的特点是通频带的频率响应曲线最平滑。根据参数计算 $F_{clock} = 1/(1.69RC)$，$F_{co} = F_{clock}/50$，调节电阻可得到合适的较低截止频率，使直流信号通过，得到稳定的电压信号。

4.3.3　系统电路设计

硬件电路主要有帕尔贴驱动电路、温度信号检测、放大电路、滤波电路 4 个部分。各电路设计分述如下。

1. 帕尔贴驱动电路

帕尔贴驱动电路由三极管开关电路驱动继电器，用弱电控制强电的方法提高驱动电压，达到 12 V，满足了题目对快速性调节的要求。将三极管作为一个开关，当单片机输入高电平时，三极管的 C 极输出低电平，继电器吸合。当单片机输入低电平时，三极管 C 极输出高电平，继电器不吸合。帕尔贴驱动电路如图 4－27 所示。

2. 温度信号检测电路

当温度变化时，Pt100 型铂热电阻的阻值反应非常灵敏，几乎可以线性化。温度每增加一度，Pt100 型铂热电阻阻值约增加 0.4 Ω。不过，由于温度变化在电阻上表现得不明显，所以一般都得进行差分放大，电路如图 4－28 所示。

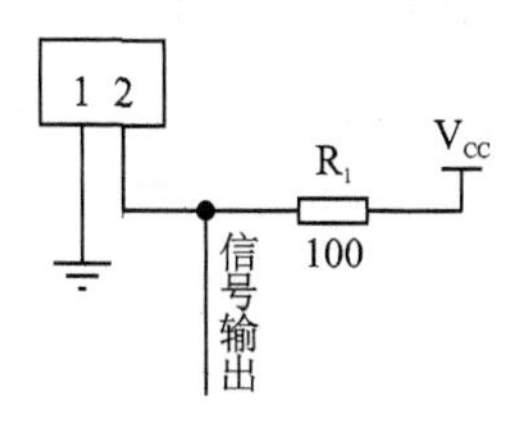

图 4－28　温度信号检测电路

3. 放大电路

经测试，若放大倍数较小，选择 OPA820 效果要优于其他放大器(OPA842 效果不如 OPA820)。电压信号输入后,经放大器处理,放大器将电压信号放大后,再输入到滤波效果比较好。该电路采用了较简单的接法,图 4-29 为 OPA820 放大电路。

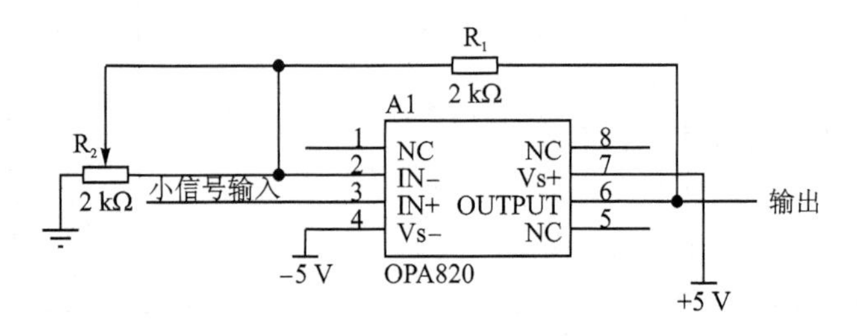

图 4-29　运算放大电路

4. 巴特沃斯四阶滤波电路

根据 TLC04ID 数据手册连接电路,参数计算 $F_{clock}=1/(1.69RC)$,选取适当的截止频率,选用了 0.01 μF 电容和 100 kΩ 的电阻。这样截止频率调到 11.8 Hz,直流信号可以通过,滤除频率较高的噪声杂波,达到将电压信号稳定的效果。图 4-30 所示为四阶滤波电路。

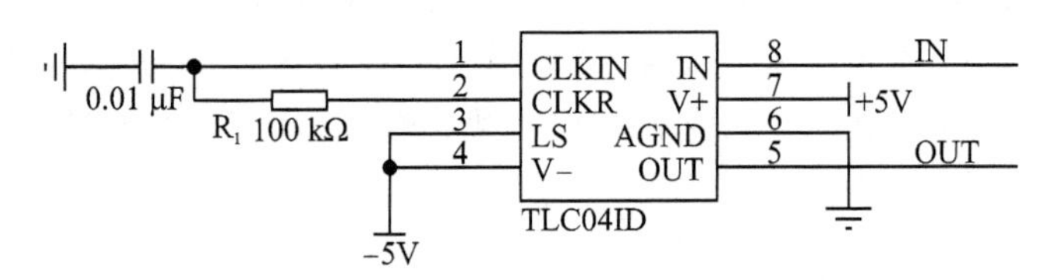

图 4-30　四阶滤波电路

4.3.4　系统软件设计

系统软件设计为了实现友好的人机界面,便于明确的调试,该电子式温度调节器加了液晶模块显示相关数据。软件流程如图 4-31 所示。

4.3.5　测试方案和测试结果

(1) 测试仪器

测试仪器见表 4-2。

表 4-2　测试仪器列表

序　号	名称、型号、规格	数　量
1	TDS1001 混合信号示波器	1
2	F05A 高频信号发生器	1
3	UT803 数字万用表	1
4	D20040541 可调电源	1

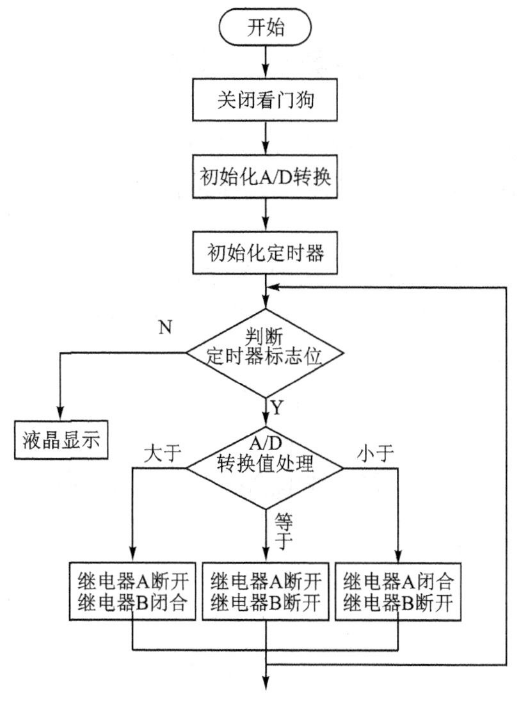

图 4-31　软件流程图

(2) 测试方案

测试方法如图 4-1 所示。

(3) 测试结果

测试结果如表 4-3 所列。

表 4-3　测试结果

偏　差	所花时间/min	温度浮动范围/℃
降至 30℃时的测试数据	1	±2
从 30℃升至 50℃的测试数据	2.5	±2
从 50℃降至 40℃的测试数据	2.5	±2

4.3.6　总　结

该设计由帕尔贴驱动和温度采集处理两部分组成：驱动部分能够达到题目对温度升降的要求，能够准确控制帕尔贴的温度情况，精确地提供信号源；温度处理部分采用了合理的采集方案，能够准确地识别温度变化情况，采集到信号后通过使用 OPA820 进行差分放大，然后使用巴特沃斯四阶滤波器(TLC04ID)将信号进行处理，之后提供给主控芯片进一步控制帕尔贴器件以调节温度，从而实现对温度持续稳定的跟踪及调节。整个系统能够稳定、高效地完成各项设计要求。

主要参考文献

[1] 周立功.新编计算机基础教程[M].北京:北京航空航天大学出版社,2011.

[2] 周兴华.手把手教你学单片机 C 程序设计[M].北京:北京航空航天大学出版社.2007.

[3] 谭浩强.C 程序设计[M].3 版.北京:清华大学出版社,2005.

[4] Paul Scherz.发明者电子设计宝典[M].蔡声镇,等译.福建:福建科学技术出版社,2004.

[5] 周润景,等.PROTEUS 入门实用教程[M].2 版.北京:机械工业出版社,2011.

[6] 李全利,单片机原理及接口技术[M].2 版.北京:高等教育出版社,2009.